C.H.BECK WISSEN
in der Beck'schen Reihe
2011

Dieses Buch informiert historisch und systematisch über den Begriff der Zeit. Sein besonderes Profil gewinnt es durch seine fachübergreifende Information. Es zeigt ein komplexes Netzwerk von Zeitrhythmen auf, in dem sich physikalische, biologische, psychologische, technische und soziale Prozesse überlagern und beeinflussen. Die Spannbreite des Buches reicht vom Begriff der Zeit im antiken und mittelalterlichen Weltbild, im Weltbild der klassischen Physik, der Relativitätstheorie und der Quantenwelt bis zu den Problemen der Zeit im Zusammenhang mit dem Zweiten Hauptsatz der Thermodynamik, der Zeitentwicklung in Systemen fern des thermischen Gleichgewichts, von den Zeitrhythmen des Gehirns und der Computerzeit der Künstlichen Intelligenz bis zum Problem der Zeit in Geschichte und Kultur.

Klaus Mainzer hat Mathematik, Physik und Philosophie studiert und ist Ordinarius für Philosophie und Wissenschaftstheorie an der Universität Augsburg. Seine Arbeitsschwerpunkte sind: Logik, Erkenntnis- und Wissenschaftstheorie, Philosophie der Natur-, Technik- und Kulturwissenschaften.
Bei C.H.Beck hat er zusammen mit Jürgen Audretsch herausgegeben: *Vom Anfang der Welt* (^{2}1990).
In der Reihe C.H.Beck Wissen ist von ihm erschienen: *Materie. Von der Urmaterie zum Leben* (1996).

Klaus Mainzer

ZEIT

Von der Urzeit
zur Computerzeit

Verlag C. H. Beck

Die Deutsche Bibliothek – CIP-Einheitsaufnahme

Mainzer, Klaus:
Zeit : von der Urzeit zur Computerzeit / Klaus Mainzer. –
Orig.-Ausg. – München : Beck, 1995
  (Beck'sche Reihe ; 2011 : C.H. Beck Wissen)
  ISBN 3 406 39011 0
NE: GT

Originalausgabe
ISBN 3 406 39011 0

2., durchgesehene Auflage. 1996
Umschlagentwurf von Uwe Göbel, München
© C.H. Beck'sche Verlagsbuchhandlung (Oscar Beck), München 1995
Gesamtherstellung: Presse-Druck- und Verlags-GmbH, Augsburg
Gedruckt auf säurefreiem alterungsbeständigem Papier
(hergestellt aus chlorfrei gebleichtem Zellstoff)
Printed in Germany

Inhalt

Einleitung 7

Zur zweiten Auflage 11

I. Zeit im antiken und mittelalterlichen Weltbild 13
1. Von der Urzeit zu den Vorsokratikern 13
2. Zenons Zeitpfeil und Kontinuum nach Aristoteles 18
3. Zeit und Schöpfung nach Augustinus 26
4. Zeit und mittelalterliche Astronomie 28

II. Zeit im Weltbild der klassischen Physik 32
1. Absolute Zeit nach Newton 32
2. Relationale Zeit nach Leibniz 35
3. Zeit in der klassischen Mechanik 36
4. Zeit in der Erkenntnistheorie nach Kant 39

III. Relativistische Raum-Zeit 44
1. Zeit in der Speziellen Relativitätstheorie 44
2. Zeit in der Allgemeinen Relativitätstheorie 48
3. Zeit in der relativistischen Kosmologie 52

IV. Zeit und Quantenwelt 57
1. Zeit in der Quantenmechanik 57
2. Zeit in den Quantenfeldtheorien 63
3. Zeit, Schwarze Löcher und Anthropisches Prinzip 70

V. Zeit und Thermodynamik 73
1. Zeit in der Thermodynamik des Gleichgewichts 73
2. Zeit in der Thermodynamik des Nicht-Gleichgewichts 79
3. Zeit, Irreversibilität und Selbstorganisation 84

VI. Zeit und Leben 89
1. Zeit in Darwins Evolutionstheorie 89
2. Zeit in der molekularen Evolution 92
3. Zeithierarchien und biologische Rhythmen..... 96

VII. Zeit und Bewußtsein 99
1. Zeitrhythmen und die Physiologie des Gehirns.. 99
2. Zeiterlebnis und die Emergenz des Bewußtseins. 101
3. Computerzeit und Künstliche Intelligenz 104

VIII. Zeit in Geschichte und Kultur 110
1. Zeit in historischen Kulturen 110
2. Zeit in technisch-industriellen Kulturen........ 115
3. Zeithorizont der technisch-wissenschaftlichen Welt und die Philosophie der Zeit 121

Anmerkungen 127

Literaturverzeichnis 132

Personenregister 136

Sachregister 138

Einleitung

Das Buch informiert fachübergreifend über den Begriff der Zeit. Die Darstellungsweise ist historisch und systematisch. Es geht aber nicht nur um eine enzyklopädische Zusammenstellung von Ergebnissen, wie der Zeitbegriff in einzelnen naturwissenschaftlichen Disziplinen verwendet wurde und wird. Die moderne Grundlagendiskussion hat vielmehr gezeigt, daß ein einseitiger Reduktionismus des Zeitbegriffs z. B. auf die Physik, wie er z. B. von Einstein gegenüber Bergson beansprucht wurde, ebenso unangemessen ist wie die Behauptung, daß der Zeitbegriff der Naturwissenschaften nichts mit der Zeit in Geistes- und Kulturwissenschaften zu tun habe. Es zeichnet sich vielmehr ein komplexes Netzwerk von Zeitrhythmen ab, in dem sich physikalische, biologische, psychologische und soziale Prozesse überlagern und beeinflussen. Zeit ist daher nach unserem heutigen Wissen ein fachübergreifender Begriff par excellence, für dessen adäquate Behandlung sich sowohl ein natur- als auch kulturwissenschaftlicher Reduktionismus verbietet. Natur- und Kulturwissenschaften sind vielmehr komplementär aufeinander verwiesen. Diese neue Perspektive gibt diesem Buch sein besonderes Profil.

Im 1. Kapitel wird die *Zeit im antiken und mittelalterlichen Weltbild* behandelt. Nach der Evolution eines Zeitbewußtseins bei den Hominiden und ersten Zeitortientierungen früher Jäger- und Bauernkulturen erfolgen erste astronomische Zeitbestimmungen in den alten Hochkulturen und Stadtstaaten. Vorsokratische Naturphilosophen wie Parmenides und Heraklit formulieren erstmals Grundfragen, die bis heute die Zeitdiskussion beeinflussen. Ist die Welt, wie Heraklit glaubt, in ständigem Werden begriffen und Zeit ein irreversibler Ablauf wie der Strom eines Flusses, oder ist jede Veränderung, wie Parmenides glaubt, nur scheinbar und Zeit ein reversibler Parameter einer an sich unveränderlichen Welt? Daran schließen sich Zenons berühmtes Paradoxon vom Zeitpfeil und die aristotelische Kontinuumstheorie an, die bis in die Neuzeit die

Grundlagendiskussion beherrschten. Daß Zeit entstehen kann, wird erstmals von Augustinus formuliert, indem er platonische Naturphilosophie mit christlicher Schöpfungstheologie verbindet. Auf diesem philosophisch-theologischen Hintergrund wird in der mittelalterlichen Astronomie gemessen und berechnet.

Das 2. Kapitel behandelt *‚Zeit im Weltbild der klassischen Physik'*. Alle bewegten Bezugssysteme und Uhren im Universum können nach Newton auf ein absolut ruhendes Bezugssystem mit absoluter Zeit bezogen werden. Leibniz kritisiert zwar die Vorstellung einer absoluten Weltzeit als theologische Spekulation, ohne aber Rotations- und Beschleunigungsphänomene durch seine relativen Räume mit relativer Zeit erklären zu können. Für Kant sind Zeit und Raum letztlich (‚transzendentale') Bewußtseinsformen, die nicht als Gegenstände und Prozesse in der Welt existieren, sondern für jede Wahrnehmung und naturwissenschaftliche Theoriebildung vorausgesetzt werden müssen. Im Formalismus der klassischen Mechanik, wie er seit Ende des 18. Jahrhunderts (Euler, Lagrange u. a.) vorliegt, ist Zeit nur noch eine Koordinate t in deterministischen Bewegungsgleichungen, die bei Transformation mit umgekehrter Zeitrichtung -t unverändert gültig bleiben. Zeit-Invarianz der klassischen Mechanik als neuzeitliche Interpretation einer Parmenides-Welt! Der Erhaltungssatz der Energie ist eine mathematische Folge dieser Zeitsymmetrie.

Im 3. Kapitel wird ausführlich das *relativistische Raum-Zeit*-Konzept behandelt, das die moderne physikalische Theoriebildung bestimmt. Zeitmessung ist nicht länger absolut, sondern wird nach der Speziellen Relativitätstheorie wegabhängig. Jeder hat im Sinne Einsteins seine eigene Zeit (‚Eigenzeit'). Damit ist keine subjektive Erlebniszeit gemeint, sondern ein metrisch und topologisch objektiv präzisierbarer Zeitbegriff. Aus Einsteins Allgemeiner Relativitätstheorie, d. h. der relativistischen Gravitationstheorie, können kosmologische Standardmodelle abgeleitet werden, die endliche und unendliche Zeitentwicklungen mit Anfangssingularität (‚Big Bang') zulassen. Für eine Entscheidung über diese Modelle muß jedoch die Quantenmechanik als moderne (nicht-klassische) Materietheorie berücksichtigt werden.

Zeit und Quantenwelt lautet die Überschrift des 4. Kapitels. Zunächst wird gezeigt, daß auch im nicht-klassischen Formalismus der Quantenmechanik, der unvermeidliche Unschärfen und statistische Berechnungen von Meßgrößen mit sich bringt, die Zeit erneut nur der Parameter einer deterministischen Bewegungsgleichung (‚Schrödinger-Gleichung') ist, die wie in der klassischen Mechanik bei einer Transformation t→-t unverändert (‚invariant') bleibt. In den Quantenfeldtheorien, die Wechselwirkungen von Elementarteilchen beschreiben, zeichnen sich jedoch mögliche Verletzungen der Zeitsymmetrie ab. Ausführlich wird in dem Zusammenhang das PCT-Theorem diskutiert. Das Kapitel schließt mit einer Besprechung des Zeitbegriffs in den aktuellen Vereinigungstheorien der Physik. Als Stichworte seien Supergravitations- und Superstringtheorie genannt. Die Singularitätssätze von Penrose und Hawking führen zu astrophysikalischen Konsequenzen wie den ‚schwarzen Löchern', in denen Zeittrajektorien verschwinden. Gibt es kosmologische Verallgemeinerungen, nach denen Zeit in einer Anfangssingularität entsteht und in einer Endsingularität verschwindet, oder gilt Hawkings neueste vereinheitlichte Theorie ohne Anfangssingularität, nach der Zeit und Universum immer schon existierten? Wie steht es dann um die ‚Schöpfung' von Zeit im Sinne von Augustinus? Ist der Zeithorizont menschlicher Wahrnehmungsmöglichkeit ein Indiz für eine Zweckbestimmung des Universums gemäß dem Anthropischen Prinzip?

Bereits in der Physik des 19. Jahrhunderts wurde Zeit im Zusammenhang mit irreversiblen Prozessen diskutiert, wie wir sie alltäglich erleben. Eine Tasse, die zu Boden fällt, zerspringt. Milch in Kaffee gegossen vermischt sich zu Milchkaffee. Licht strahlt von einem Stern fort usw. Die Umkehrung dieser Prozesse wurde nie beobachtet. Gemeint ist also *Zeit und Thermodynamik*, die im 5. Kapitel untersucht wird. Naturphilosophisch liegt hier die neuzeitliche Beschreibung der ‚Heraklit-Welt' vor. Zunächst werden irreversible Prozesse im Sinne des 2. Hauptsatzes erläutert. Entropie erweist sich zwar als Maß irreversibler Prozesse nach dem 2. Hauptsatz, aber nicht als

Zeitmaß, wie im Zusammenhang mit der kosmischen Evolution gezeigt werden kann. Boltzmanns statistische Erklärung bezieht sich nur auf ‚abgeschlossene' Systeme nahe des thermischen Gleichgewichts. Schon die zeitliche Entwicklung eines Lasers läßt sich so nicht beschreiben. Dazu bedarf es, wie H. Haken, I. Prigonine u. a. zeigten, einer Thermodynamik des Nicht-Gleichgewichts, in der die Entwicklung offener dissipativer Systeme erfaßt wird. Die Zeitentwicklung sich selbst organisierender Systeme, wie sie aus Chemie und Biologie bekannt sind, sind Beispiele für irreversible Prozesse fern des thermischen Gleichgewichts.

Damit sind die Grundlagen für eine Diskussion von ‚*Zeit und Leben*' gelegt, wie sie im 6. Kapitel durchgeführt wird. In Darwins und Spencers Evolutionstheorie wird Wachstum und Leben erstmals mit der Entwicklung von Komplexität verbunden. Die Evolution des Lebens erweist sich als irreversible Zeitentwicklung komplexer dissipativer Systeme, die im Rahmen der Thermodynamik des Nichtgleichgewichts erklärt werden kann. Hier liegt die Wurzel für den Zeitpfeil des Lebens. Allerdings sind dabei viele biologische Zeitrhythmen zu unterscheiden, die sich im Lauf der Evolution in komplexen Zeithierarchien überlagerten. Dazu gehören die Zeitrhythmen sowohl in komplexen Ökosystemen als auch in einzelnen Organismen.

So lassen sich bei den physiologischen Koordinierungsabläufen im menschlichen Gehirn verschiedene Zeitrhythmen unterscheiden. Wie kommt es dann zum Zeiterlebnis im menschlichen Bewußtsein? Im 7. Kapitel ‚*Zeit und Bewußtsein*' wird gezeigt, wie im Rahmen der Theorie komplexer Systeme fern des thermischen Gleichgewichts die Emergenz von Bewußtsein erklärt wird. Bewußtsein wird danach als makroskopischer Ordnungsparameter von neuronalen Verschaltungsmustern verstanden, die durch die Wechselwirkungen komplexer Neuronennetze im Gehirn entstehen. Diese Zeitentwicklungen unterscheiden sich im Prinzip nicht von den irreversiblen Prozessen, die in der Thermodynamik des Nicht-Gleichgewichts untersucht werden. Das Zeitbewußtsein steht also nicht im Gegensatz zur Physik, sondern wird als Ergebnis komplexer neuronaler Wechselwirkungsprozesse erklärbar. Dennoch bleibt der subjektiv erlebte Zeitstrom, der z. B. in Literatur und Dichtung beschrieben wird, individuell verschieden. In diesem Sinn bleiben Natur- und Geisteswissenschaften aufeinander komplementär bezogen. Im Rahmen der Künstlichen Intelligenz stellt sich die Frage, ob und in welchem Maß technische Systeme (z. B. Roboter) entwickelt werden könnten bzw. sollten, die ein Zeitbewußtsein besitzen.

Im letzten 8. Kapitel wird ‚*Zeit in Geschichte und Kultur*' untersucht. Die Theorie komplexer Systeme erlaubt auch die Modellierung sozial-ökonomischer Systeme. Damit werden Zeitentwicklungen menschlicher Gesellschaften mit analogen Methoden analysierbar wie physikalische und biologische Prozesse. Das bedeutet jedoch keinen naturalistischen Reduktionismus. Die Zeit in historischen Kulturen erweist sich nämlich als neue Emergenzstufe, die in der Geschichtsphilosophie untersucht wird. Am Ende stellt sich die Frage nach dem Zeithorizont in einer technisch-wissenschaftlichen Welt und den Aufgaben einer Philosophie der Zeit.

Zur zweiten Auflage

Nach einem Jahr war die 1. Auflage des Zeit-Buchs bereits ausverkauft. Seine erfreuliche Resonanz zeigte sich in fachübergreifenden Vortragseinladungen und Kooperationen, für die ich einigen Kollegen an dieser Stelle danken möchte: Hans Jörg Fahr (Institut für Astrophysik/Universität Bonn), Bernhard Kramer (1. Institut für Theoretische Physik/Universität Hamburg), Achim Müller (Lehrstuhl für Anorganische Chemie I/ Universität Bielefeld), Eugen Preuss und Wolf Priester (Max-Planck-Institut für Radioastronomie/Bonn), Kurt Weis (Institut für Sozialwissenschaften/Technische Universität München). Die Fachschaft Physik des Cusanus-Werks lud zur Jahrestagung ein, die 1995 unter dem Titel ‚Zeit' stand. Last, but not least sei meinen Lesern und Hörern für Anregungen, Nachfragen und ihr Interesse gedankt. Beim erneuten Korrekturlesen halfen meine MitarbeiterInnen Katja E. Hüther, M.A., Martin Kraus und Thomas Frömrich. Der Beck-Verlag ermöglichte mit bewährter Routine diese 2. revidierte Auflage.

Augsburg, im März 1996 *Klaus Mainzer*

I. Zeit im antiken und mittelalterlichen Weltbild

Dauer und Veränderung gehören zu Grundwahrnehmungen aller hochentwickelten Lebewesen. Der Mensch erzeugt im Laufe seiner Evolution ein Zeitbewußtsein, um Vergangenheit, Gegenwart und Zukunft seines Lebens bestimmen zu können. Dieses Zeitbewußtsein ist keineswegs von Anfang an einheitlich. In der frühen Kultur-, Wissenschafts- und Technikgeschichte wurden unterschiedliche Modelle und Meßverfahren zeitlicher Dauer und Veränderung benutzt. Die Zeitbegriffe unserer technisch-wissenschaftlichen Lebenswelt sind selbst Konstrukte und Resultate dieser Entwicklung. Von ihren historischen Anfängen soll in diesem Abschnitt die Rede sein.

1. Von der Urzeit zu den Vorsokratikern

Die Anfänge des menschlichen Zeitbewußtseins verlieren sich in der Urgeschichte der Primaten. Fossile Knochenfunde belegen, daß keine lineare Evolution der Hominiden stattgefunden hat, bei der eine niedere durch eine höhere Art abgelöst wurde. Vielmehr existierten mehr oder weniger unterschiedliche Arten gleichzeitig, überlebten oder starben aus. Es gibt vermutlich auch keinen singulären Anfang der Hominiden. Von ca. 4 Millionen bis ca. 1,5 Millionen Jahren vor unserer Gegenwart tauchen verschiedene Arten der Gattung Australopithecus auf. Sie haben bereits den ständigen aufrechten Gang und damit Vorteile für den dauernden Gebrauch ihrer Hände gegenüber anderen Primaten.

Vor ca. 2,5 Millionen Jahren tritt der Homo habilis auf, äußerlich vermutlich kaum von seinen Vorfahren zu unterscheiden, jedoch mit einem größeren Gehirn ausgestattet und der erste Hominide, von dem die Herstellung einfacher Steinwerkzeuge belegt ist. 500 000 Jahre und mehr soll die Gattung Homo habilis gelebt haben. Ein Teil entwickelt sich vor ca. 2 Millionen Jahren weiter zur größeren und stärkeren Art des Homo erectus, einer außerordentlich erfolgreichen und mobilen Gruppe, deren Fossilien in Afrika ebenso gefunden wurden wie in China und Europa. Älteste Überreste des archaischen Homo sapiens datieren ca. 600 000 und 250 000 Jahre zurück, in den Anfängen noch gleichzeitig mit dem Homo neandertalensis lebend, konkurrierend und sich vielleicht vermischend.

Jedenfalls war Homo sapiens nach heutigem Kenntnisstand keineswegs das unvermeidliche und einzigartige Endprodukt einer global gesteuerten Evolution. An jedem lokalen Verzweigungspunkt hätte die Entwicklung auch anders verlaufen können. Homo sapiens war eine von verschiedenen rivalisierenden Entwicklungslinien, die sich schließlich durchgesetzt hat. Die Geschichte von Adam und Eva, die plötzlich erschaffen werden und sich die Erde laut göttlichem Auftrag untertan machen sollen, ist also eine Deutung des eigenen zeitlichen Anfangs durch eine spätere Hochkultur. Tatsächlich gibt es von einem singulären Ereignis der Menschwerdung keine Spur.

Für das Zeitbewußtsein folgt daraus, daß Homo sapiens damit keineswegs ausgezeichnet war. Über die vier Millionen Jahre wird es sich in den verschiedenen Arten und Gattungen der Hominiden unterschiedlich ausgebildet haben, bedingt durch gehirnphysiologische Evolutionen zur Entwicklung eines Langzeitgedächtnisses. Hinzu kommt die bewußte Wahrnehmung von zeitlichen Rhythmen der Natur wie Tag und Nacht, die Jahreszeiten oder Paarungszeiten der Tiere und ihre mehr oder weniger geschickte Ausnutzung für eigene Bedürfnisse.

Die Neandertaler legten ihren Toten bereits Blumen ins Grab. Sie sind sich zwar des Todes als unweigerlichem Endpunkt der Lebenszeit bewußt. Verehrung von Toten läßt aber auch Anfänge von Mythen vermuten. Der archaische Homo sapiens hält Tier- und Jagdszenen in Symbolen und Höhlenbildern fest. Erlebtes wird in Bildern zu einer dauernden Gegenwart und Erinnerung. Noch heute lebende Naturvölker lassen auf unterschiedliche Zeitvorstellungen des archaischen Homo sapiens schließen. Es gibt keine abstrakten Zeiteinheiten oder Zeitmessungen, sondern eine Folge von regelmäßigen Naturereignissen, die mit Tätigkeiten des täglichen Lebens wie z. B. der Jagd, Zeugung und Geburt verbunden werden. Ritualisierungen in Zeremonien und Festen dienen schließlich der zeitlichen Einteilung.

Auffallend genaue Zeitorientierungen erlauben die regelmäßig wiederkehrenden Himmelserscheinungen. Ein Beispiel sind die großen nordeuropäischen Steinmonumente (Megalithen), die in verschiedenen Bauphasen von 2000–1600 v. Chr. entstanden. Sie dienten wie die aztekischen Pyramiden als Schauplatz religiöser Feste und als riesige astronomische Meßinstrumente. In Stonehenge bei Salisbury wird der Zeitpunkt der Sommersonnenwende festgelegt, wenn die Sonne genau über dem Heelstone in der Mitte des Sarsentores aufgeht.[1]

Die Entwicklung von Bauernkulturen mit Ackerbau und Viehzucht prägt neue Lebensformen mit entsprechenden Zeiteinteilungen, die das neusteinzeitliche Jägerleben seit ca. 7000 Jahren v. Chr. im östlichen Mittelmeerraum zu verdrängen begannen. Seit 3000 Jahren v. Chr. verwandeln sich einige Bauernkulturen des Nahen Orients in Stadtkulturen, also sogenannte Hochkulturen. Jedenfalls ist dort dieser Prozeß in den ältesten schriftlichen Urkunden nachgewiesen. Zeitbestimmung nimmt nun eine zentrale Stellung für die Organisation des Staates und öffentlichen Lebens ein. Zeitmaße liefern die großen Rhythmen der Natur, die mit Ereignissen und Aufgaben der Gesellschaft koordiniert werden.

So spielt sich das Leben des alten Ägyptens auf den schmalen fruchtbaren Ufern im Niltal ab, begrenzt durch Wüste und Gebirge, überwölbt vom Dach eines klaren nächtlichen Sternenhimmels. Die ägyptische Astronomie liefert die zeitliche Orientierung auf der Grundlage qualitativer Beobachtungen. Am täglich einmal rotierenden Fixsternhimmel dienen die auf- und untergehenden Sterne zur Einteilung der Nacht. In sogenannten ‚Sternuhren' wird die Nacht in zwölf Intervalle unterteilt, die durch den Aufgang bestimmter Sterne unterschieden werden. Damit erhält man eine grobe Einteilung der Nacht in zwölf ‚Stunden', die natürlich nicht exakt unserer Zeiteinteilung entsprechen. Das Jahr wird in 36 ‚Dekane' zu je 10 Tagen eingeteilt. Der Aufgang eines Sterns verschiebt sich alle 10 Tage um eine ‚Stunde', um nach $12 \cdot 10 = 120$ Tagen zu verschwinden und später erneut aufzutauchen. Solche Tabellen werden den Toten zur Orientierung im Jenseits auf dem Sargdeckel mitgegeben.

Die modernen Erklärungen für dieses regelmäßige Auftauchen und Untergehen der Sterne verweisen auf die Rotation der Erde um die eigene Achse und die Sonne. Die Ägypter greifen bei Erklärungen auf mythologische Erzählungen zurück, wonach sich am Himmel immer dasselbe Schauspiel von Tod und Wiedergeburt der Sternengötter wie z. B. Osiris (Orion) und Sothis (Sirius) abspielt. Der heliakische Aufgang (kurz vor Sonnenaufgang) von Sirius und die Nilüberschwemmung, der Beginn der fruchtbaren Periode Ägyptens, werden mit dem ägyptischen Kalender eines Sonnenjahres in Zusammenhang gebracht. Der alte Isis-Kult für die Göttin der Liebe verbindet irdische Fruchtbarkeit und Leben mit der Sternenmythologie der Auferstehung und Wiedergeburt.

Unser heutiger Kalender geht historisch auf Ägypten zurück. Das tropische Sonnenjahr von Sonnenwende zu Sonnenwende dauert 365,2422 Sonnentage von Mittag zu Mittag. Da ein Kalender mit ganzen Tagen rechnet, bleiben die Ägypter bei 365 Tagen mit 12 Monaten von je drei Dekaden (mit je 4 Monaten zu jeweils 30 Tagen) und 5 Extratagen. Nach 4 Jahren haben sich die Sonnenwenden bzw. Jahreszeiten um ca. einen Tag verschoben, also nach $4 \cdot 365 = 1460$ Jahren um ein Jahr. Diese Periode heißt Sothisperiode, da sie von den Ägyptern nach dem heliakischen Aufgang des ‚Sothis' (Sirius) bestimmt wurde. Mit der Sothisperiode läßt sich berechnen, daß 2781 v. Chr. für Memphis der heliakische Aufgang des Sirius mit dem Neujahrstag des Kalenders zusammenfiel. In dieser Zeit des alten ägyptischen Reichs wird also der Kalender eingeführt worden sein.

Auch im alten Kulturland an Euphrat und Tigris dient die Astronomie der Zeitbestimmung. Im Zentrum des astronomischen Interesses steht die Mondbeobachtung als Grundlage eines Mondkalenders und Mondkultes. Die Babylonier stellen dazu genaue Tabellen für den heliakischen Aufgang des Mondes her. Dazu müssen bereits komplizierte Veränderungen beachtet werden, von denen die Sichtbarkeit des Mondes abhängt (Abstand Mond–Sonne, periodische Abweichungen von der Ekliptik, veränderliche Neigung der Ekliptik am Horizont während der unterschiedlichen Jahreszeiten). Die babylonischen Tabellen sind zwar nur approximativ, aber das sind unsere Tabellen auch. Sie erlauben jedenfalls Prognosen einer Mondfinsternis, wenn Vollmond ist und der Mond genau in der Ekliptik steht. Die moderne Erklärung, daß dann die Erde den Mond beschattet, ist den Babyloniern natürlich fremd, da sie über kein Planetenmodell verfügen.

Ca. 450 v. Chr. wird der von den Sumerern ererbte Mondkalender mit dem Sonnenjahr vereint. Dazu werden in 19 Jahren stets 7 Schaltmonate zu den regulären 12 Monaten des Jahres hinzugefügt. Dieser 19jährige Zyklus, der heute nach der griechischen Bezeichnung Meton genannt wird, ist babylonischen Ursprungs. Er enthält 19 · 12 + 7 = 235 Monate. Für ein Jahr ergeben sich dann 12,36 Monate. Für einen synodischen Monat von Neumond zu Neumond werden heute 29,53 Tage angegeben.

Unsere Zeiteinteilung des Tages in 24 Stunden, in 24 · 60 = 1440 Minuten und 24 : 60 · 60 = 86 400 Sekunden geht auf Babylonien zurück. Im Unterschied zur primitiven additiven Notation der Zahlen im alten Ägypten benutzen die Babylonier eine positionelle Notation wie unser heutiges Dezimalsystem, allerdings auf sexagesimaler Basis (d. h. mit 60er Potenzen statt Zehnerpotenzen). Auf dieser Grundlage ist bereits eine genaue Bruchrechnung möglich. Noch heute wird der Kreis in 360 Grad, ein Grad in 60 Minuten und eine Minute in 60 Sekunden eingeteilt.[2]

An der Beobachtung regelmäßiger Gestirnbewegung mag den Menschen zum ersten Mal der Gedanke einer unveränderlichen Regelmäßigkeit der Natur gekommen sein. Damit ist die Vorstellung unveränderlicher Zeitmaße verbunden, mit denen Dauer und Veränderung natürlicher Abläufe auf der Erde verglichen werden können. Während die alten Hochkulturen bestenfalls mythologische Deutungen ihrer astronomischen Beobachtungen liefern, fragen die vorsokratischen Naturphilosophen erstmals nach den Ursachen von Veränderung und

Regelmäßigkeit. Mit ihnen beginnt die philosophische und wissenschaftliche Reflexion auf den Zeitbegriff.

Für Heraklit (ca. 550–480 v. Chr.) ist der Urstoff, aus dem alles wird, selbst Veränderung und wird daher mit dem Feuer identifiziert. Der Kampf der Gegensätze strebt jedoch nach Heraklits Weltgesetz (logos) zur Vereinigung in Harmonie. Berühmt wird sein Bild vom Fluß, der in ständiger Veränderung immer neues Wasser mit sich führt. Darin lesen manche moderne Autoren, daß Heraklit der Entdecker irreversibler ‚unwiederholbarer‘ Prozesse und damit des ‚Zeitpfeils‘ sei. Dabei wird häufig übersehen, daß nach Heraklit das Gesetz der Veränderung, der Logos, selbst unveränderlich und ewig ist.[3]

Für Parmenides von Elea (ca. 515–445 v. Chr.) ist nur das wirklich, was ist, das Dauerhafte und Unveränderliche, und nicht das, von dem wir sagen, daß es in der Vergangenheit war oder in der Zukunft sein wird. Veränderung ist daher Einbildung und nur Dauer wirklich. Dieses dauerhafte Sein stellt sich Parmenides wie eine vollkommene Kugel vor, unbeweglich und überall gleich beschaffen. In der Philosophiegeschichte wurde die eleatische Lehre vom unveränderlichen Sein als Kritik an der Heraklitschen Auffassung der ständigen Veränderungen verstanden. Einige moderne Autoren interpretieren Parmenides sogar als Entdecker einer ‚reversiblen‘ Welt, die gegenüber zeitlicher Entwicklung unveränderlich (‚invariant‘) sei. Dabei muß jedoch berücksichtigt werden, daß weder Parmenides noch Heraklit über den naturwissenschaftlichen Gesetzesbegriff der Neuzeit verfügten. Fest steht jedoch, daß seit Parmenides und Heraklit, also seit ca. zweieinhalbtausend Jahren, Dauer und Veränderung ein zentrales Thema der Philosophie und Wissenschaft wurden.

2. Zenons Zeitpfeil und Kontinuum nach Aristoteles

Zenon von Elea (ca. 490–430 v. Chr.), ein Schüler des Parmenides, verteidigt die eleatische Lehre eines dauerhaften Seins durch vier Paradoxien der Veränderung, die im Laufe der Philosophie- und Wissenschaftsgeschichte je nach Standpunkt unterschiedlich verstanden und gedeutet wurden. Da die überlieferten Formulierungen keineswegs eindeutig sind, kommt es auf die Voraussetzungen an, die bei der jeweiligen Deutung gemacht werden. Hier sollen zunächst nur einige methodische Hinweise gegeben werden, auf die später immer wieder zurückgegriffen wird, wenn von Zenons ‚Zeitpfeil' die Rede ist.

In der bekannten zweiten Paradoxie wird behauptet, daß Achilles, der schnellste Athlet der Antike, eine Schildkröte niemals überholen könnte. Er muß zuerst den Platz erreichen, an dem die Schildkröte den Wettlauf beginnt. Während dieser Zeit ist die Schildkröte ein Stück vorwärts gekommen. Wenn Achilles bei diesem Punkt anlangt, so hat die Schildkröte inzwischen wiederum einen kleinen Vorsprung gewonnen. Er kommt ihr zwar immer näher, kann sie aber niemals völlig einholen.

Bei dieser Argumentation wird vorausgesetzt, daß eine unendliche Zahl von Punkten in einer Strecke enthalten sein muß. Achilles könnte danach die Schildkröte nur nach Ablauf einer unendlichen Zahl von Augenblicken einholen. Faßt man eine Strecke als reelles Kontinuum auf, ist die Folgerung unendlicher Teilbarkeit mathematisch richtig. Mathematisch falsch wäre der Schluß, daß eine unendliche Zahl von Augenblicken immer eine unendlich lange Zeitstrecke ausmacht: Eine ‚unendliche Summe' (Reihe) von immer kleiner werdenden Summanden kann sehr wohl gegen eine endliche Größe konvergieren, wie z.B.

$$\sum_{v=1}^{\infty} \frac{1}{2^v} = \frac{1}{2} + \frac{1}{4} + \frac{1}{8} + \ldots = 1 \qquad \text{zeigt.}$$

Gegen diese mathematische Kritik wurde eingewendet, daß es Zenon nicht um mathematische Paradoxien des Unendlichen gehe, sondern um die unendliche Teilbarkeit ‚realer' Zeit- und Wegstrecken. Tatsächlich wird aber in der neuzeitlichen Physik eine Zeitstrecke durch ein reelles Zahlenkontinuum dargestellt, so daß die mathematische Kritik bestehen bleibt. Erst wenn man (wie z.B. nach einem Vorschlag Heisenbergs in der Atomphysik) von einer kleinsten Längeneinheit ausgeht, ergibt sich eine andere Situation. Zenon will jedenfalls die Voraussetzung ad absurdum führen, daß eine Strecke beliebig teilbar sei, um die Annahme einer Vielheit von Punkten als Illusion zu entlarven und die eleatische Lehre vom unteilbaren Sein zu verteidigen.[4]

Um die Illusion zeitlicher Veränderung geht es besonders in der dritten Paradoxie vom fliegenden Pfeil: „Wenn alles, das sich in gleichförmiger Weise verhält, entweder in beständiger Ruhe oder beständiger Bewegung, alles sich Bewegende aber stets im Jetzt ist, so ist der fliegende Pfeil ohne Bewegung." Während der Dauer eines Augenblicks nimmt also ein in Bewegung befindlicher Pfeil eine Strecke ein, von der er sich während dieses Augenblicks nicht entfernt. Auch im nächsten Augenblick nimmt er eine Strecke ein, von der er sich während dieses Augenblicks nicht fortbewegt. Wie kann er sich aber dann überhaupt fortbewegen, so klein auch der Abstand zwischen zwei Augenblicken sein mag?

Mathematisch ist die Kritik an Zenons Paradoxie wieder einfach, wenn man (wie in der neuzeitlichen Physik) die Flugstrecke des Pfeils als reelles Zahlenkontinuum auffaßt. Dann gibt es nämlich einfach keine ‚nächste' Strecke, da die Punkte im Kontinuum dicht liegen, also zwischen zwei benachbarten Punkten immer ein dazwischenliegender Punkt (z.B. durch Halbierung des Zwischenraums) angegeben werden kann. Auch dagegen wurde philosophisch eingewendet, daß es Zenon um die ‚reale' Zeit gehe, nach der wir immer in der Gegenwart eines Jetzt leben, und daher seine Paradoxie bestehen bleibe.

In der Philosophiegeschichte wird Demokrits Atomtheorie häufig als Konsequenz der Heraklitschen Lehre der Veränderung und des Parmenidischen Grundsatzes vom unveränderlichen Sein dargestellt. Der Parmenidischen Unterscheidung vom ‚Seienden' und ‚Nicht-Seienden' entspricht die Demokritische Unterscheidung vom ‚Vollen' und ‚Leeren', von den kleinsten unzerstörbaren Atomen und dem leeren Raum. Die Heraklitische Vielfalt und Veränderung wird auf unterschiedliche Neuordnungen der Atome zurückgeführt. Während die Gegenstände unserer Wahrnehmung wie Steine, Pflanzen und Tiere makroskopische Aggregate von Atomen sind, die sich zeitlich verändern und in neuen atomaren Gruppierungen verbinden können, sind die Atome und der leere Raum nach Demokrit zeitlos, ungeschaffen und ewig.

Das Zeitlose und Unveränderliche in der Natur suchen auch die Anhänger des Pythagoras (ca. 570/560–480 v. Chr.). Sie vertreten die folgenschwere Auffassung, daß nicht irgendwelche Urstoffe, sondern die sie bestimmenden mathematischen Gesetze zeitlos und ewig seien. Die vollkommen geometrischen Formen sind für Platon (427–347 v. Chr.) Beispiele der zeitlosen Urbilder und Ideen der Dinge, von denen die Erscheinungen unserer Wahrnehmung nur unvollkommene Abbilder sind. So wie die Säule eines griechischen Tempels nur ein unvollkommenes Abbild der geometrischen Idealform eines Zylinders ist, so kann ein gerechter Politiker oder tapferer Soldat nur ein unvollkommenes Abbild der Idee der Gerechtigkeit oder Tapferkeit sein. Entsprechend begründet Platon im Dialog Timaios seine Lehre von Zeit und Zeitlosigkeit. Der Sternenhimmel, den wir wahrnehmen, ist ein bewegtes (nämlich rotierendes) Bild der Ewigkeit, von der in Einheit zeitlos verharrenden Welt der Vollkommenheit. Die Zeit wird nach Platon durch die Zahl der Kreisbewegungen der Sphären bestimmt. Tage und Nächte, Monate und Jahre entsprechen Anzahl und Teilen von Rotationsbewegungen der Himmelskörper. In diesem Sinn entsteht die Zeit erst mit dem Kosmos und ist das unvollkommene Abbild des Zeitlosen.[5]

Die platonische Trennung eines zeitlichen Kosmos von einer zeitlosen und ewigen Ideenwelt wird von Aristoteles (384–322 v. Chr.) als fiktiv und künstlich kritisiert. Aufgabe der Physik ist es nach Aristoteles, die Prinzipien und Funktionen der Vielfalt und Veränderung in der Natur zu erklären. Das Allgemeine, was ein Einzelwesen wie z. B. einen Stein, eine Pflanze oder ein Tier zu dem macht, was es ist, nennt Aristoteles die *Form*. Dasjenige, was durch die Form bestimmt wird, heißt *Materie*. Form und Materie existieren jedoch nicht für sich, sondern sind durch Abstraktion gewonnene Prinzipien der Natur. Materie wird daher auch als die *Möglichkeit* („Potenz') des Geformtwerdens bezeichnet. Erst dadurch, daß Materie geformt wird, entsteht *Wirklichkeit*. *Bewegung* wird allgemein als *Veränderung*, als Übergang von der Möglichkeit zur Wirklichkeit, als ‚Aktualisierung der Potenz' (wie das Mittelalter sagen wird) bestimmt. Bewegung umfaßt nach Aristoteles alle zielorientierten Prozesse in der Natur wie den Fall des Steins zur Erde, das Wachsen des Baums vom Samen zur Baumkrone und die Entwicklung des Menschen vom Säugling zum Erwachsenen.

Damit bietet sich folgende Lösung von Zenons Paradoxie der Schildkröte und Achilles an: Die durchlaufene Strecke ist nur der Möglichkeit nach (‚potentiell') unendlich oft teilbar, besteht aber nicht aus wirklich (‚aktual') gegebenen unendlich vielen Unterabschnitten. Die Strecke kann demnach zwar in einem nicht abbrechenden Verfahren beliebig endlich oft unterteilt werden. Sie ist es aber nicht, und solange sie es nicht ist, kann sie durchlaufen werden. Für Aristoteles ist also eine Strecke ein Kontinuum (d.h. ein ‚stetig Zusammenhängendes'), in dem zwar potentiell unendlich viele Schnitte vorgenommen werden können, das aber nicht aus aktual unendlich vielen Elementen besteht. Diese aristotelische Unterscheidung zwischen potentieller und aktualer Unendlichkeit spielt für die Grundlagendiskussion der modernen Mathematik eine zentrale Rolle.

Auf diesem Hintergrund löst Aristoteles auch Zenons Paradoxie vom Zeitpfeil. Insbesondere kritisiert er Zenons Definition der Gegenwart. Das Jetzt sei, so Aristoteles, sowenig Teil der Zeit, wie ein Punkt Teil einer Strecke sei. Vielmehr muß man sich die Gegenwart als potentiellen, nicht aktualen Schnitt im Zeitkontinuum vorstellen, der Zukunft von Vergangenheit trennt. Dann ist die Gegenwart auch kein Zeitpunkt, in dem der Pfeil aktual, sondern nur der Möglichkeit nach ruht. Tatsächlich führt der Pfeil eine kontinuierliche Bewegung aus.

Aristoteles ist der erste Philosoph, der den Begriff des Kontinuums präzise formuliert. Die Zeit, so sagt er, hängt im Jetzt stetig zusammen. Der Zeit kommt aber kein eigenes Dasein zu. Wirklich sind nur die Bewegungen der Natur. Das Jetzt eines

Augenblicks ist ein Schnitt im Kontinuum der Bewegung. Da man potentiell unbegrenzt viele Schnitte im Kontinuum vornehmen kann, ergeben sich abzählbar viele Augenblicke, ohne das Kontinuum je ausschöpfen zu können. „Die Zeit", so sagt Aristoteles, „ist aber nicht Bewegung, sondern das Abzählbare an ihr."[6] Als Zeitmaß schlägt Aristoteles die Kreisbewegung vor, an der andere Bewegungen gemessen werden können. Die angenommenen Sphärenbewegungen der Sterne und Planeten mögen dafür ein anschauliches Beispiel sein. So wie der Kreis eine Grundform der Euklidischen Geometrie ist, so gilt die gleichförmige Kreisbewegung als Grundform der antiken/mittelalterlichen Astronomie (vgl. Kap. I. 4).

Auf dem Hintergrund seiner Zeit- und Kontinuumsphilosophie entwickelt Aristoteles eine erste Logik der Zeitmodalitäten. *Wirklich* ist, was *jetzt* im Augenblick realisiert (d. h. wahr) ist. *Möglich* ist, was zu einer jetzigen oder zukünftigen Zeit realisiert (d. h. wahr) ist. *Notwendig* ist, was in einer jeden *zukünftigen* Zeit realisiert ist. Charakteristisch ist also die Jetzt-Relativierung bei der Definition der Modalitäten. Während die stoische Logik sich dieser Definition der Zeitmodalitäten anschließt, benutzen die Megariker (von Eukleides von Megara gegründete griechische Philosophenschule) die Modalitäten der Möglichkeit und Notwendigkeit auch ohne Jetzt-Relativierung. *Möglich* ist, was zu *irgendeiner* Zeit realisiert ist. *Notwendig* ist, was zu *jeder* Zeit realisiert ist.

Berühmt wird die aristotelische Analyse des Satzes „Morgen wird eine Seeschlacht stattfinden".[7] Schon jetzt ist wahr, daß morgen eine Seeschlacht stattfindet oder daß morgen eine Seeschlacht nicht stattfindet. Folgt daraus nicht, daß es entweder schon jetzt wahr ist, daß morgen eine Seeschlacht stattfindet, oder daß es schon jetzt wahr ist, daß morgen keine Seeschlacht stattfindet? Folgt also nicht, daß diejenige der beiden Aussagen (von denen wir noch nicht wissen, welche), die morgen wahr sein wird, schon heute wahr ist?

In der Symbolik der Zeitlogik bezeichnet „p" einen Zustand wie z. B. „eine Seeschlacht findet statt". Das Symbol „Np" soll heißen, daß der mit „p" beschriebene Zustand „morgen" stattfindet. Als Zeitmaß läßt sich z. B. mittags bei Höchststand der Sonne angeben. Das Symbol „N¬p" heißt dann, daß die Negation „¬p" des mit „p" bezeichneten Zustands „morgen" stattfindet, also „p" morgen nicht stattfindet. Das Symbol „v" steht für die logische Oder-Verknüpfung zweier Aussagen, die zwei Zustände beschreiben. Dann besagt das Symbol „N(p v ¬p)", daß es schon jetzt wahr ist, daß der mit „p" beschriebene Zustand morgen besteht oder nicht besteht. Folgt daraus aber, so lautet das aristotelische Problem, „Np v N¬p", d. h. daß es schon jetzt wahr ist, daß der mit „p" bezeichnete Zustand morgen besteht, oder daß es schon jetzt wahr ist, daß seine Negation „¬p" morgen besteht?

Moderne Logiker wie G. H. von Wright haben gezeigt, daß die Beantwortung dieser Frage von der Topologie der Zeitentwicklung abhängt, die wir der Welt zugrunde legen. Bei einer linearen Zeitauffassung sind die Zeitabschnitte (z. B. Tag) auf einer geraden Linie nacheinander angeordnet. Jeder Knoten in Abb. 1a steht für den Gesamtzustand (also eine Konjunktion vieler Teilzustände) der Welt zu einem bestimmten Zeitabschnitt. Der ausgefüllte Knoten ● steht für den jetzt aktualisierten Gesamtzustand. Die nachfolgenden Knoten bezeichnen zukünftige, die vorherigen vergangene Gesamtzustände. In diesem Zeitmodell sind die nachfolgenden Zustände ohne Alternative eindeutig determiniert. Daher ist es in dieser Welt jetzt schon wahr, daß morgen eine Seeschlacht stattfindet, oder es ist jetzt schon wahr, daß morgen keine Seeschlacht stattfindet.

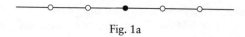

Fig. 1a

Unterstellen wir aber die Möglichkeit mehrerer zukünftiger Entwicklungszweige, so erhalten wir das Bild eines Zeitbaums wie in Abb. 1b, wo dem aktualisierten Jetzt ● mehrere mögliche Gesamtzustände im nächsten Zeitabschnitt (z. B. Tage) folgen, denen wieder mehrere mögliche Gesamtzustände im übernächsten Zeitabschnitt folgen können usw. Die gestrichelten Linien deuten an, daß auch zu vergangenen Zeitabschnitten mehrere Entwicklungsmöglichkeiten bestanden haben mögen, die jedoch nicht realisiert wurden. Die Vergangenheit ist daher eine linear angeordnete Folge von Gesamtzuständen zu nachfolgenden Zeitabschnitten.

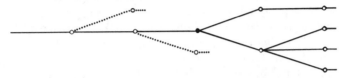

Fig. 1b (nach G.H. von Wright in Kienzle [1994], 176)

Die Behauptung, daß „N(p v ¬p)" zu einem gegebenen Zeitabschnitt wahr ist, gilt in beiden Entwicklungsmodellen. Zum jetzigen Zeitabschnitt ● ist in beiden Abbildungen 1a und 1b wahr, daß der mit „p" bezeichnete Teilzustand Bestandteil eines jeden im nächsten Zeitabschnitt nachfolgenden Gesamtzustandes entweder ist oder nicht ist (‚Tertium non datur'). Die Behauptung, daß „Np v N¬p" zu einem gegebenen Zeitabschnitt wahr ist, gilt jedoch allgemein nur in der linearen Welt (Fig. 1a). Im Fall einer verzweigten zukünftigen Welt (Fig. 1b) müßte nämlich zum jetzigen Zeitabschnitt wahr sein, daß der mit „p" bezeichnete Teilzustand Bestandteil eines jeden im nächsten Zeitabschnitt nachfolgenden Gesamtzustandes ist („Np"), oder es müßte wahr sein, daß der mit „p" bezeichnete Teilzustand zu keinem nachfolgenden Gesamtzustand gehört („N¬p").[8]

Im Beispiel einer antiken Seeschlacht ist die Bedingung der schon jetzigen Wahrheit „Np" wohl nie erfüllt. Man kann sich aber leicht Bedingungen denken, bei denen „N¬p" schon heute wahr ist. Alle Schiffe seien heute zum Beispiel so auf der Welt verteilt, daß sie morgen unmöglich zu einer Flotte zusammengezogen werden könnten. Wenn „N¬p" wahr ist, so folgt auch die Wahrheit von „Np v N¬p". Diese Überlegungen der modernen Zeitlogik im Anschluß an Aristoteles zeigen, daß dieser mit Recht als einer der größten Philosophen des Abendlandes gilt, dessen Denken bis heute die Wissenschaft bewegt.

3. Zeit und Schöpfung nach Augustinus

In der jüdisch-christlichen Tradition wird ein linearer Zeitbegriff religiös begründet. Die Zeit beginnt mit Gottes Schöpfung der Welt und endet am Tag des Jüngsten Gerichts mit ihrem Untergang. Gott, der Schöpfer der Welt, ist selbst zeitlos, ewig und ungeschaffen. Der jüdische Jahwe ist jedoch weniger ein Symbol mathematischer Weltordnung als vielmehr die Vorstellung eines moralischen Gesetzgebers.

Im Neuplatonismus verbinden sich jüdisch-christliche Zeitvorstellungen mit der platonischen Philosophie der Zeit. Bereits bei Plotin (205–270 n. Chr.) geht es primär um die Unterscheidung von Ewigkeit und Zeit. Ewigkeit wird dem Geist Gottes, Zeit „dem Reich des Werdens, unserem Weltall" zugeordnet. Nach platonischem Vorbild wird Gottes Ewigkeit als Urbild verstanden, dessen bewegtes Abbild die Zeit ist. Der Geist Gottes wird zur Weltseele, die sich in der Zeit des bewegten Alls zeigt.

Für die christliche Tradition erhält die Zeitphilosophie von Augustinus (354–430 n. Chr.) erhebliche Bedeutung. Aus Platons Demiurg, der das All in mathematischer Harmonie gestaltet hat, wird nun der personifizierte Schöpfergott der christlichen Offenbarung, mit dem Augustinus in seinen *Confessiones* Zwiegespräche hält. Die Zeit wurde danach mit dem All erschaffen. Kritisch wendet sich Augustinus gegen Auffassungen, die Zeit mit den Sphärenbewegungen des Kosmos (z. B. dem Lauf der Sonne um die Erde im geozentrischen Weltbild) identifizieren wollen. Selbst die Rotationen der Himmelskörper sind nur Beispiele von Bewegung, bei denen Zeit vergeht. Bewegung setzt also nach Augustinus (entgegen Aristoteles) Zeit voraus.

„Wie", so argumentiert er, „wenn die Himmelslichter stille ständen, aber eine Töpferscheibe bewegt sich noch, gäbe es dann keine Zeit mehr …?" Wir können zwar zeitliche Abläufe in bezug auf verschiedene Körperbewegungen wie z. B. den Sonnenumlauf (oder den Mondumlauf bei den Babyloniern) beziehen. Letztlich muß dazu aber die Zeit der Welt vorausgesetzt werden. „Woran messe ich denn Zeit selbst?" Augustinus' berühmte Antwort lautet: „In dir, mein Geist, messe ich meine Zeiten... also ist er es, den wir die Zeiten nennen, oder aber ich kann die Zeit nicht messen."[9]

Dieses Zitat wurde aus der Sicht der Neuzeit häufig als Beginn eines verinnerlichten, subjektiven, ja sogar psychologischen Zeitbegriffs des Individuums im Unterschied zur Zeit der physikalischen Außenwelt interpretiert. Tatsächlich spielen aber solche modernen Unterscheidungen im Neuplatonismus keine Rolle. In plotinischer Tradition meint ,Geist' vielmehr die Weltseele, die alle Bewegungen des Alls ordnet. Das Zeitmaß des Alls ist also in der Weltseele begründet und nicht im individuellen Zeitgefühl.[10]

Unter dem Gesichtspunkt des Zeitbegriffs gehören Christentum, Judentum und Islam in eine gemeinsame Gruppe von Weltreligionen. Die Zeit hat einen Anfang und ein Ende und verläuft zwischen der Schöpfung und dem Untergang der Welt. In dieser Zeitspanne vollzieht sich die unterschiedlich gedeutete Heilsgeschichte. Gegenüber dieser ,linearen' Auffassung vertreten andere Religionen zyklische Zeitvorstellungen. So verkündet der Hinduismus den Glauben an eine Seelenwanderung im Kreislauf der Zeit. Buddha lehrt die Überwindung des Kreislaufs durch Verzicht auf Ansprüche im Achtfachen Weg. Dann kann die Seele im zeitlosen Zustand des Nirwana zur Ruhe kommen.

Demgegenüber geht es in der chinesischen Tradition nicht um Überwindung der Zeit, sondern um den harmonischen Umgang mit der Zeit. Ein zeitloses Jenseits von Natur und Gesellschaft ist keine chinesische Zielvorstellung. Die taoistische Naturphilosophie lehrt, wie sich der Mensch in den großen Zeitrhythmen der Natur einrichten und mit ihnen leben kann. Der Konfuzianismus zielt auf ethische Regeln für ein harmonisches Leben in der menschlichen Gesellschaft. Die zeitliche Ordnung einer Gesellschaft hängt seit den alten Hochkulturen vom Kenntnisstand der Astronomie ab. Analog zur abendländischen Tradition wird Zeitmessung auch in China spätestens seit dem Mittelalter auf sphärische Modelle des Sternen- und Planetenhimmels bezogen.

4. Zeit und mittelalterliche Astronomie

In der griechischen Astronomie hatten die Pythagoreer erstmals ein geozentrisches Modell vorgeschlagen, in dem die Erde von der Sonne, dem Mond und den damals bekannten fünf Planeten umkreist wurde. Die verschiedenen Längen der Umlaufzeiten wurden durch verschiedene Entfernungen von der Erde erklärt. Die größte mathematische Genauigkeit in der antikenmittelalterlichen Astronomie erreichte Ptolemaios (ca. 100–170 n. Chr.). Die unterschiedlichen Längen der Jahreszeiten erklärte er durch die scheinbare Beschleunigung oder Verlangsamung des Sonnenumlaufs. Der Planet bewege sich ‚tatsächlich' gleichförmig relativ zum gedachten Sphärenmittelpunkt. Nur einem Beobachter auf der Erde, die exzentrisch neben dem Mittelpunkt angenommen wird, ‚erscheine' die Sonne je nach Entfernung zur Kreisbahn beschleunigt oder verlangsamt.[11]

Noch heute können wir bei der Bestimmung astronomischer Orts- und Zeitangaben von einem geozentrischen Modell ausgehen. Die Erde ist dabei allerdings nicht der Mittelpunkt der Welt, sondern nur der Ursprung unseres gewählten Koordinatensystems, mit dem wir Orts- und Zeitangaben machen.

Wie die alten Chinesen benutzen wir heute den Himmelsäquator als Grundkreis mit dem Nord- und Südpol der Himmelskugel und dem Frühlingspunkt als Richtungspunkt. Die griechische Astronomie wählte die Ekliptik, d.h. den Sonnenumlauf als Grundkreis mit ihrem Nord- und Südpol und dem Frühlingspunkt als Richtungspunkt.

Als Einheit der Zeitmessung bietet sich ein periodisch ablaufender Vorgang wie der tägliche scheinbare Umschwung des Sternenhimmels oder eines Himmelkörpers wie der Sonne an. Beginn und Ende einer vollen täglichen Umdrehung werden dadurch gegeben, daß eine feste Marke auf der Erde und ein vereinbarter Punkt am Himmel in eine Richtung fallen. Als eine solche feste Marke wählt man den Ortsmeridian. Als Fixpunkt an der Himmelssphäre nimmt man zweckmäßig den Frühlingspunkt oder aber den Mittelpunkt der Sonnenscheibe.

Da die Sonne sich mit ungleichförmiger Geschwindigkeit in

der gegen den Äquator geneigten Ekliptik bewegt, eignet sie sich nicht ohne weiteres als Zeitmaß. Um die Abweichungen der ungleichförmigen Geschwindigkeit beim Sonnenumlauf zu eliminieren, benutzt man heute für die Zeitmessung eine fiktive (‚gedachte') mittlere Sonne, die mit einer mittleren Geschwindigkeit in derselben Zeit wie die wirkliche Sonne (d.h. in einem Jahr) den Äquator durchläuft. Ein mittlerer Sonnentag ist der Mittelwert aller ungleich langen Sonnentage, die ein Jahr enthält. Ein wahrer Sonnentag ist die Zeit zwischen zwei aufeinanderfolgenden unteren Durchgängen der Sonne (zu Mitternacht unter dem Horizont) durch den Meridian. Eine einfache Sonnenuhr zeigt die wahre Sonnenzeit, d.h. den Stundenwinkel der wahren Sonne.

Grundlage unseres heute benutzten Kalenders ist ein festes Sonnenjahr. Julius Cäsar hatte den ägyptischen Sonnenkalender auf Vorschlag griechischer Astronomen dadurch verbessert, daß alle vier Jahre ein Schalttag an das Ende des römischen Kalenders (d.h. an den Februar) angefügt wurde. Ferner war im Monat Februar ein Tag gestrichen worden, da die beiden nach Julius Cäsar und Augustus benannten Monate Juli und August eine gleiche Länge von je 31 Tagen haben sollten. Durch seine einfache Schaltregel hatte der Julianische Kalender eine Länge von 365,25 mittleren Sonnentagen. Da das tropische Jahr kürzer als das Julianische Kalenderjahr ist, war bis Ende des 16. Jahrhunderts ein Fehler von 10 Tagen im Jahresbeginn angewachsen.

Unter Papst Gregor XIII. korrigierte man das dadurch, daß auf den 4. Oktober 1582 der 15. Oktober 1582 ohne Unterbrechung der Wochentagszählung folgte. Der Frühlingsanfang wurde auf den 21. März festgesetzt. Die neue Schaltregel besagt, daß Schaltjahre diejenigen Jahre sind, deren beiden letzten Zahlen durch 4 teilbar sind. Um die Korrektur gegenüber dem etwas kürzeren tropischen Jahr zu erreichen, haben alle 400 Jahre 3 Schaltjahre auszufallen. Dabei soll es sich um die Schalttage der Säkularjahre handeln, deren Einheit nicht durch 4 teilbar ist. Danach waren 1700, 1800 und 1900 keine Schaltjahre, aber wieder 2000. Erst in 3333 Jahren sind die verbleibenden Fehlerreste auf einen vollen Tag angewachsen.

Kalender sind kulturabhängige Zeitmessungen.[12] Im Jahre 525 wurde auf Vorschlag des Abtes Dionysius Exiguus die Zählung „nach Christi Geburt' eingeführt, während der Julianische Kalender ‚ab urbe condita', d. h. nach Gründung der Stadt Rom zählte. Zentrale Orientierung des christlichen Mittelalters war die Festtagsrechnung. So wurde bereits auf dem Konzil von Nizäa (325 n. Chr.) beschlossen, daß das Osterfest am ersten Sonntag nach dem Vollmond gefeiert wird, der dem Frühlingsanfang (also der Frühlings-Tagundnachtgleiche) folgt. Demgegenüber ist das religiöse Leben des Islam (in babylonischer Tradition) durch einen Mondkalender bestimmt. Dem jüdischen Kalender liegt eine Verbindung aus Mond- und Sonnenkalender (‚Lunisolarjahr') zugrunde, die sowohl den Wechsel der Mondphasen als auch den Ablauf der Jahreszeiten innerhalb des Jahres berücksichtigt. Ein periodischer 13. Schaltmonat sorgt dafür, daß die Monate dem Mondlauf angepaßt bleiben, der Jahresanfang aber bis auf kleine Schwankungen festliegt.

Zur Messung der Tageszeiten werden Uhren benötigt. Bereits die Zeitanzeigen der alten Wasseruhren wurden auf die Kreiseinteilung von Ziffernblättern übertragen. Die Sonnenuhren zeigen die zyklische Sonnenbewegung an. Ein astronomisches Meßinstrument, das die antiken Himmelssphären unmittelbar ausnutzt, ist das Astrolabium. Es wird z. B. von Ptolemaios und Theon von Alexandrien beschrieben und ist eine griechische Erfindung, obwohl es seine Hochblüte in den feinmechanisch hochentwickelten Exemplaren der islamischen Astronomie hat. Die mechanische Räderuhr wurde zwischen 1300 und 1350 erfunden. Im Alltag setzte sie sich, wohl auch wegen der anfänglichen Ungenauigkeit, nur langsam durch. Die Sanduhr, die in derselben Zeit aufkam, war dem Handwerker ebenso wie dem Seefahrer vertrauter. In der Hand des Knochenmanns wurde sie zum Symbol der Vergänglichkeit. Für die Gelehrten war die Räderuhr jedoch von Anfang an ein großes Faszinosum. Sie schien geradezu die aristotelische Definition der Zeit zu realisieren: Der stetige Umlauf der Zeiger wird durch ein ruckweise arbeitendes Lauf- und Räderwerk gezählt. Nikolaus Oresme, der große Naturwissenschaftler der Spätscholastik, beschrieb 1377 das Universum als regelmäßige Räderuhr, die alle Kräfte durch die Hemmung ausbalanciert. Das war die Geburtsstunde eines universalen mechanisierten Zeitbegriffs, der die neuzeitliche Naturwissenschaft nicht mehr loslassen sollte.

II. Zeit im Weltbild der klassischen Physik

In der klassischen Physik wird Zeit zu einer meß- und berechenbaren Größe. Die neuzeitliche Feinmechanik ermöglichte den Bau genauerer Chronometer und Uhren. Die neuzeitliche Mathematik erlaubte die Bestimmung beliebig genauer Zeitpunkte durch reelle Zahlen. Im Formalismus der klassischen Mechanik ist Zeit nur noch eine reelle Koordinate in Bewegungsgleichungen, die auch bei Transformation mit umgekehrter Zeitrichtung unverändert gültig bleiben. Die Zeit-Invarianz der klassischen Mechanik wird grundlegend für die physikalische Zeitauffassung bis zur Relativitäts- und Quantentheorie. In der neuzeitlichen Erkenntnistheorie wird Zeit als Bewußtseinsform untersucht.

1. Absolute Zeit nach Newton

Die sogenannte Kopernikanische Wende vom geozentrischen zum heliozentrischen Kosmos wird häufig als Aufbruch zum neuzeitlichen Weltbild verstanden. Tatsächlich war Nikolaus Kopernikus (1473–1543) zutiefst von der antiken Zeit- und Bewegungsauffassung überzeugt, wonach sich Planeten gleichförmig auf Sphären bewegen. Erst Johannes Kepler (1571–1630) wird den antiken-mittelalterlichen Sphärenglauben aufgrund besserer Beobachtungsdaten auflösen. Planeten beschreiben nach Kepler vielmehr Ellipsenbahnen. Der Radius Sonne–Planet überstreicht in gleichen Zeiten gleiche Flächen. Zeit wird also in diesem Keplerschen Gesetz als Maß der Bewegung eingeführt.

Zeit und Bewegung als Grundbegriffe der neuzeitlichen Mechanik werden erstmals von Galileo Galilei (1564–1642) definiert. Geschwindigkeit ist danach eine Größe, mit der die zeitliche Veränderung des Ortes eines Körpers bestimmt wird. Grundlegend wird der Begriff der (gleichförmigen) Beschleunigung, den Galilei beim freien Fall annimmt und mit Experimenten an der schiefen Ebene bestätigt. Beschleunigung meint die Veränderung der Geschwindigkeit eines Körpers in einem bestimmten Zeitraum. Verursacht werden zeitliche Veränderungen der Geschwindigkeit durch Kräfte, die auf einen sich bewegenden Körper einwirken (wie z. B. die Erdanziehung im Beispiel des freien Falls).

Im Prinzip könnten die Zeitintervalle für Ortsänderungen immer kürzer gemacht werden, um sich der Momentangeschwindigkeit immer besser anzunähern. In einem beliebig kleinen Zeitintervall Δt wird die örtliche Veränderung Δx ebenfalls beliebig klein. Mathematisch ist dann die Momentangeschwindigkeit der Quotient dx/dt aus der unendlichen (‚infinitesimal') kleinen Ortsveränderung dx und dem unendlich kleinen Zeitintervall dt. Solche Betrachtungen z. B. bei Galilei und Kepler waren die Anfänge der Infinitesimalrechnung, in der später Leibniz und Newton erstmals allgemeine Regeln für das Rechnen mit ‚infinitesimalen' Größen angaben.[1]

In der modernen Differentialrechnung ist die Momentangeschwindigkeit der Grenzwert einer Folge von Durchschnittsgeschwindigkeiten über immer kleinere Zeitintervalle, deren Dauer sich Null nähert. Man sagt auch kurz: Die Momentangeschwindigkeit ist die 1. Ableitung der Ortskoordinaten x(t) nach der Zeit t und schreibt in der Newtonschen Notation $\dot{x}$ und der Leibnizschen Notation des Differentialquotienten dx/dt. Entsprechend ist die Momentanbeschleunigung der Grenzwert einer Folge von Durchschnittsbeschleunigungen über immer kleinere Zeitintervalle, deren Dauer sich Null nähert. Da eine Beschleunigung bzw. Geschwindigkeitsänderung die zeitliche Veränderung der zeitlichen Veränderung des Ortes eines Körpers ist, spricht man auch von der 2. Ableitung der Ortskoordinate x(t) nach der Zeit t und schreibt $\ddot{x}$ nach Newton oder d^2x/dt^2 nach Leibniz.

Bedeutend sind auch Galileis Überlegungen zur Zeitmessung. Seine Vorschläge für eine Pendeluhr, mit der Schwingungen gezählt werden sollen, werden von Christiaan Huygens (1629–1695) verbessert und präzisiert. Die Einführung einer Zeitkoordinate, d. h. die mathematische Darstellung von Zeitabschnitten durch geometrische Strecken, geht auf Nikolaus

Oresme zurück. Isaac Barrow, der Lehrer von Newton, spricht erstmals von Zeit als universeller und in diesem Sinn ‚absoluter' Grundgröße der Natur, die unabhängig von unseren verschiedenen Beobachtungs- und Meßverfahren sei und mathematisch durch eine geometrische Gerade dargestellt werde. Diese Auffassung führt zu Newtons berühmter Unterscheidung von absoluter und relativer Zeit, die er seiner Mechanik *(Philosophiae naturalis principia mathematica)* voranstellt.[2]

Weiter stellt Newton fest, daß es möglicherweise keine gleichförmige Bewegung gibt, mit der die Zeit genau gemessen werden könnte, da alle Bewegungen tatsächlich beschleunigt oder verzögert wären. Newton führt also die absolute Zeit, wie die moderne Wissenschaftstheorie sagt, als theoretische Größe ein, die im Rahmen der klassischen Mechanik wohldefiniert ist, obgleich ihr keine direkte Erfahrung entspricht. Alle Vorgänge der Natur können nach dieser Annahme auf eine universelle Zeit bezogen werden, deren topologische Struktur (d. h. zeitliche Reihenfolge von Ereignissen) und deren metrische Struktur (d. h. das Zeitmaß) im Prinzip feststehen. Es ist eine Aufgabe der fortschreitenden Wissenschaft, wie Newton betont, die praktischen Verfahren der Zeitmessung laufend zu verbessern.

Unter dem Einfluß des Cambridger Neuplatonikers Henry More hat Newton zwar seine Annahme eines absoluten Raumes und einer absoluten Zeit mit metaphysischen Deutungen von der Allgegenwart Gottes verbunden. Das physikalische Konzept der absoluten Zeit ist jedoch davon unabhängig und mit grundlegenden physikalischen Konsequenzen verbunden, die sich bei einer mathematischen Präzisierung zeigen. So ist die Annahme grundlegend, daß es für zwei Ereignisse objektiv entscheidbar sei, ob sie gleichzeitig und ob sie am selben Ort stattfinden.

Für die Kausalstruktur bzw. den Wirkungszusammenhang der Newtonschen Welt gilt: Schießt man von einem Weltpunkt O in alle Richtungen Kugeln mit unterschiedlicher Geschwindigkeit ab, so erreichen sie nur Weltpunkte, die später als O sind. Ein in O stattfindendes Ereignis hat also nur auf Ereignisse Einfluß, die in der Zukunft stattfinden. Die Vergangenheit gehört nicht mehr zu meinem Einflußbereich.

Die Eigenschaft der Raum-Zeit, daß Zukunft und Vergangenheit eines Ereignisses eine gemeinsame Grenze, nämlich die Gegenwart, haben, bringt die Newtonsche Annahme zum Ausdruck, daß es beliebig schnelle Zeitübertragungen gibt. Eine (wenn auch nur begrenzt realisierbare) Methode momentaner Zeitübertragung von einem Ort A zu einem Ort B besteht darin, daß man einer Stange von A nach B in A einen Ruck erteilt, der unmittelbar nach B übertragen wird. Der psychologische Grund für den Glauben an diese Art von Gleichzeitigkeit hängt wohl damit zusammen, daß man in der Alltagswelt ganz selbstverständlich die Dinge, die man sieht, in den Mittelpunkt seiner Wahrnehmung setzt. Der Beobachter weitet seine Zeit so auf die ganze Welt aus, die in seinen Wahrnehmungsbereich tritt. Eine weitere wichtige Annahme ist der Glaube an einen absoluten Ruhepunkt.

2. Relationale Zeit nach Leibniz

Während man die Metrik und entsprechende Kausalstruktur der Newtonschen Raum-Zeit im 18. und 19. Jahrhundert allgemein akzeptierte, wurde Newtons Annahme der absoluten Ruhe und Bewegung bald schon in Frage gestellt. Theoretische Fiktionen wie die absolute Zeit boten eine gute Gelegenheit, Newtons Inkonsequenz in seinem empirischen Wissenschaftsprogramm („Hypotheses non fingo") nachzuweisen und ihm metaphysische Spekulationen zu unterstellen. Für G. W. Leibniz (1646–1716) ist der Raum ein System von Relationen zwischen Körpern, dem keine metaphysische oder ontologische Existenz zukommt. Die Lagebeziehung reicht nach Leibniz zur Definition des Raumes aus. Mit Newtons Worten betrachtet Leibniz also nur relative Räume bzw. Bezugssysteme.

Leibniz begründet die Relativität aller Raum- und Zeitpunkte durch sein Prinzip des zureichenden Grundes, wonach nichts in der Welt ohne zureichenden Grund geschieht.[3] Mathematisch führt die Leibnizsche Argumentation zu einer neuen, von Newton verschiedenen Raum-Zeit-Symmetrie. Dazu muß man den Begriff der absoluten Ruhe und Bewegung (Rotation) fallenlassen. Im Unterschied zur Newtonschen Raum-Zeit hat also die Leibnizsche insgesamt weniger Struktur. Da der Begriff der Gleichzeitigkeit unverändert ist, trägt die Leibnizsche Raum-Zeit dieselbe Kausalstruktur wie die Newtonsche.

Solange es sich nur um kinematische Fragen handelt, beschreibt die Leibnizsche Welt exakt die Raum-Zeit der (klassischen) Physik. Leibniz gibt also nur ein kinematisches Relativitätsprinzip an. Wie erklärt er aber dann dynamische Effekte wie das Auftreten zentrifugaler Kräfte bei der Kreisbewegung? In der Tat haben Leibniz und besonders sein physikalischer Lehrer Huygens dieses Problem gesehen. So versucht Huygens die zentrifugalen Kräfte bei einer sich drehenden Scheibe durch die relative Bewegung verschiedener Teile der Scheibe zu erklären. Die relative Bewegung dieser Teile könnte aber wegtransformiert werden, wenn als Bezugssystem dasjenige System gewählt wird, das denselben Ursprung und dieselbe Winkelgeschwindigkeit wie die rotierende Scheibe hat. Relativ zu diesem rotierenden Koordinatensystem sind die Teile der Scheibe in Ruhe. Bekanntlich wird der Druck, den die Zentrifugalkräfte ausüben, dadurch nicht aufgehoben.

3. Zeit in der klassischen Mechanik

Newton und Leibniz haben beide recht in ihrer gegenseitigen Kritik. Newtons Fiktion eines absoluten Ruhepols im Universum läßt sich durch keine Beobachtung und durch kein Experiment entscheiden. Newtons Raum-Zeit hat also ‚zuviel Struktur'. Leibnizens Raum-Zeit hat aber ‚zu wenig', da die von Newton ausgezeichneten absoluten Rotationsbewegungen durchaus einer dynamischen Erklärung bedürfen. Ist aber dazu die Annahme des absoluten Raumes notwendig?

Leonard Euler ging davon aus, daß ohne Newtons absoluten Raum ein Trägheitsgesetz nicht zu formulieren wäre. Danach bewegt sich ja ein Körper gleichförmig und geradlinig, solange keine äußere Kraft auf ihn einwirkt. Die Annahme eines absoluten Raumes erweist sich nach Ludwig Langes Einführung von Trägheits- bzw. Inertialsystemen (1885) als überflüssig. Relativ zu solchen ‚Trägheitssystemen' behält nach Lange das Trägheitsgesetz auch ohne die Annahme eines absoluten Raumes seine physikalische Bedeutung. Nimmt man nämlich an, daß drei Massepunkte vom gleichen Ursprung aus geschleudert werden und frei sich selbst überlassen bleiben, d. h. keiner Krafteinwirkung ausgesetzt sind, so ist das entsprechende Koordinatensystem, relativ zu dem die drei Punkte drei verschiedene gerade Linien beschreiben, nach Lange als ‚Trägheitssystem' definiert. Dann ist nach Lange das Trägheitsgesetz äquivalent zu der Behauptung, daß sich jeder vierte Massepunkt frei sich selbst überlassen ebenso entlang einer Geraden relativ zu diesem System bewegt. Man definiert meistens kurz: Das Trägheitssystem ist ein Koordinatensystem, in dem Newtons Trägheitsgesetz gültig ist. Wie technisch-empirisch solche Trägheitssysteme ausgewiesen werden können (z. B. astronomisches Fundamentalsystem), ist eine andere Frage.[4]

Im Unterschied zum absoluten Raum gibt es allerdings in der klassischen Mechanik eine für alle Inertialsysteme einheitliche und daher absolute Zeit. Ein Inertialsystem läßt sich nämlich zunächst in einheitlicher Weise in allen seinen Punkten synchron mit demselben Zeitmaß ausstatten. Dabei wird unter Zeitmaß t nur das verstanden, was eine Uhr anzeigt, die keinerlei Ganggenauigkeit haben muß, deren Zeiger allerdings nicht stehenbleiben oder zurückgehen sollen. Durch Umeichung $\tilde{t} \to t = t(\tilde{t})$ läßt sich ein einheitliches, bis auf additive und multiplikative Konstanten festgelegtes Zeitmaß t einführen, bezüglich dessen alle freien Punktteilchen sich nicht nur geradlinig, sondern auch gleichförmig bewegen.

Schließlich läßt sich einrichten, daß der Uhrengang in den verschiedenen Inertialsystemen nach richtiger Wahl der Einheit und des Nullpunkts übereinstimmt. Durch die Annahme der absoluten Zeit wird es in der klassischen Physik möglich, von einer vom jeweiligen Intertialsystem unabhängigen universellen Gleichzeitigkeit zu sprechen. Ein bestimmter Zeitpunkt

$t = t_0$ trennt in für alle Beobachter einheitlicher Weise Vergangenheit und Zukunft. Mathematisch kommt die Annahme der absoluten Zeit in den Galilei-Transformationen $x_i' = x_i(x_j,t)$ und $t' = t$ zum Ausdruck, die die drei Raumkoordinaten x_j (j = 1,2,3) und die Zeitkoordinate t eines Inertialsystems I mit den entsprechenden Koordinaten x_i' und t' eines Inertialsystems I' verknüpfen. Als Beispiel seien die Transformationen $x_i' = x_i + v_i t$ erwähnt, wobei die Konstanten v_i die Komponenten der Translationsgeschwindigkeit des Inertialsystems I in bezug auf I' sind.[5] Die Form einer mechanischen Bewegungsgleichung (‚Naturgesetz') bleibt also bei Galilei-Transformation aller Punktkoordinaten unverändert (‚invariant'). Offenbar ist die Galilei-Invarianz spezieller als die Leibnizsche kinematische Raum-Zeit, da sie Trägheitsbewegungen auszeichnet, jedoch allgemeiner als die Newtonsche Raum-Zeit, da sie keine absolute Ruhe kennt.[6]

Zentral ist die Zeitsymmetrie der klassischen Mechanik. Newtons Axiom für mechanische Bewegungsgesetze bestimmt die Beschleunigung als 2. Ableitung des Ortes eines Körpers nach der Zeit. Mathematisch tritt daher die Zeit in einem Bewegungsgesetz als 2. Potenz bzw. quadriert auf. Wenn also die vorwärtslaufende Zeit t mit positiven (reellen) Werten durch eine rückwärtslaufende Zeit -t mit negativen Werten ersetzt wird, dann bleibt die Form des Gesetzes unverändert. Bekanntlich ist ja das Quadrat von positiven wie von negativen Zahlen positiv. Die Gesetze der Mechanik sind, wie man sagt, gegenüber der Symmetrietransformation $t \rightarrow -t$ invariant. In der klassischen Mechanik kann also nicht zwischen den beiden Zeitrichtungen unterschieden werden. Jeder Lösung einer Bewegungsgleichung mit einer positiven Zeitrichtung entspricht auch eine solche mit einer negativen Richtung.

Anschaulich kann man sich einen Bewegungsablauf als einen Film vorstellen, der die Zustandsentwicklung eines Systems in der Zeit festhält. Die Zeitsymmetrie der Mechanik besagt dann, daß die Gesetze der Mechanik sowohl den vorwärts- als auch den gespiegelten rückwärtslaufenden Film zulassen und bestimmen: Nach den Planetengesetzen kann ein Planet sowohl vorwärts als auch rückwärts die Sonne umlaufen. Aufgrund der Zeitsymmetrie der Mechanikgesetze sind also mechanische Prozesse im Prinzip reversibel.

Faktisch laufen sie aber in einer Richtung ab. Von vielen Prozessen wurde die Umkehrung sogar nie beobachtet: Ein Glas fällt zu Boden und zerspringt in viele Scherben. Ein Baum wächst aus einem Samen zur vollen Baumkrone. Ein Mensch wird geboren, wird älter und stirbt. Irreversible Prozesse können also durch die Mechanik nicht erklärt werden. Die Zeitsymmetrie der Mechanik scheint also eher der unveränderlichen Welt des Parmenides zu entsprechen, während irreversible Prozesse an Heraklit erinnern.

Man hat versucht, die Irreversibilität von Prozessen durch die Unwahrscheinlichkeit der damit verbundenen Anfangsbedingungen zu erklären. Daß sich zerstreute Scherben zu einem Glas wieder zusammensetzen, gilt danach als extrem unwahrscheinlich, aber im Prinzip möglich. Gleichwohl erklärt die Wahl von (auch unwahrscheinlichen) Anfangsbedingungen nicht, warum sich ein Prozeß in dieser und nicht in die andere mögliche Richtung entwickelt. Das Problem des Zeitpfeils bzw. der Symmetriebrechung der Zeit liegt tiefer, wie wir in späteren Kapiteln (vgl. V, VI) sehen werden.

4. Zeit in der Erkenntnistheorie nach Kant

In der Erkenntnistheorie löste Newtons Annahme einer absoluten Zeit, die keiner Wahrnehmung und direkten Messung entsprach, bis ins 19. Jahrhundert ein unterschiedliches Echo aus. In der Philosophie Kants trägt sie mit dazu bei, Zeit nicht als empirische Realität, sondern als Form unseres Bewußtseins vor jeder Erfahrung („a priori") aufzufassen, die wir voraussetzen müssen, um überhaupt beobachten, messen und physikalische Gesetze aufstellen zu können. Menschliche Erkenntnis entsteht nach Kant durch eine Zusammenarbeit von Sinnlichkeit und Verstand. Sinnlichkeit meint nach Kant unseren Wahrnehmungs- und Anschauungsapparat, mit dem Erfahrungsgegenstände in Raum und Zeit vorgestellt werden. Danach liefern unsere Sinnesorgane nur das Material von Reiz- und Empfindungssignalen (z. B. Licht, Farbe, Töne, Druck), die in der Anschauung als räumliches Nebeneinander und zeitliches Nacheinander geordnet werden. Raum und Zeit sind in diesem Sinn die Formen unserer Anschauung, mit der das Material unserer Empfindungen geordnet wird. Konkrete empirische Uhren setzen also nach Kant Zeit als Anschauungsform a priori voraus. Andererseits darf Zeit als Anschauungsform nicht mit unserem subjektiven Zeitempfinden verwechselt werden, das von Mensch zu Mensch in verschiedenen Situationen variieren kann. Als allgemeine Ordnung der Aufeinanderfolge ist Zeit für Kant eine objektive (‚transzendentale') Anschauungsform, die materiales Zeitempfinden oder den Bau von empirischen Uhren erst möglich macht.[7]

Neben den Formen der Anschauung sind die Begriffs- und Urteilsformen des Verstandes zu unterscheiden. Erkenntnis entsteht nach Kant dadurch, daß wir einzelne Wahrnehmungen und Anschauungen (‚Vorstellungen') allgemeinen Begriffen (‚Kategorien') unterordnen und dadurch zu Urteilen kommen. So ist eine Vorstellung bzw. ein Bild der Zahl Eins das Symbol /, das in unterschiedlichen Ziffernsystemen verschieden veranschaulicht wird. Die Zahl Zwei wird z. B. durch das Symbol //, dargestellt. Allgemein werden also dem Begriff der (natürlichen) Zahl als Bilder in der Anschauung die Ziffern /, //, ///,... zugeordnet. Das geschieht nach einem allgemeinen Schema, wonach im nachfolgenden Zählschritt jeweils eine Einheit / hinzugefügt wird. Für Kant handelt es sich dabei um das allgemeine Schema einer Zeitbestimmung a priori.

In der Tat könnten wir der Einheit / z. B. einen Pendelschlag als empirische Einheit zuordnen, die dann durch eine Penduluhr gezählt wird. Ohne empirische Zuordnung bleibt das reine Zählschema, so daß für Kant die Zeit als reine Anschauungsform a priori die Grundlage der Arithmetik als Lehre von den natürlichen Zahlen ist. Mathematiker wie beispielsweise W. R. Hamilton und L. E. J. Brouwer haben Kants Auffassung von der Zeit als Grundlage der Arithmetik geteilt. Zeit als Kontinuum liegt nach Kant unseren Wahrnehmungen zugrunde, die mit der Zeit kontinuierlich stärker und schwächer werden können (z. B. Druck- und Wärmeempfindungen).

Die Modi der Zeit wie Beharrlichkeit, Aufeinanderfolge und Gleichzeitigkeit legen nach Kant die Kategorien unserer Erfahrungsurteile fest, nämlich Substanz, Kausalität und Wechselwirkung. Die Kategorie der Substanz ermöglicht Erhaltungssätze, wonach es Größen gibt, die in der Zeit ‚beharren‘, d. h. unverändert bleiben (z. B. Energie). Die Kategorie der Kausalität liefert die Form für Kausalgesetze, wonach Wirkungen in der Zeit auf Ursachen folgen (z. B. Bewegungsgesetze). Die Kategorie der Wechselwirkung ermöglicht Wechselwirkungsgesetze, wonach gleichzeitige Ereignisse miteinander wechselwirken können. Wie die Erfahrungsgesetze im einzelnen bestimmt sind, ist Sache der Physik, ihrer Experimente und Meßverfahren. Die Erkenntnistheorie unterscheidet nur ihre allgemeinen Formen a priori vor jeder konkreten Erfahrung wie z. B. Erhaltungs-, Kausalitäts- und Wechselwirkungsgesetze. Zeit ist also nach Kant eine kategoriale Rahmenbedingung, die für alle Beobachtungen, Messungen und physikalischen Gesetz- und Theoriebildungen vorausgesetzt werden muß.

Allerdings war es bereits Newton klar, daß die Festlegung von empirischen Zeiteinheiten wie Tag, Stunde etc. willkürlich und daher eine Frage zweckmäßiger Definition und nicht wahrer Erkenntnis ist, die zudem von der kulturellen und technischen Entwicklung abhängt. E. Mach kritisiert erstmals, daß wir auch von der Gleichförmigkeit eines Vorgangs keine empirische Anschauung haben können. Gleichförmigkeit der Zeit bedeutet ja, daß wir von aufeinanderfolgenden Zeitabschnitten ihre Gleichheit feststellen. Wie soll aber z. B. von zwei aufeinanderfolgenden Pendelschwingungen festgestellt werden, daß sie identisch lange Zeit benötigen?

Es gibt grundsätzlich keine Methode, die einander folgenden Abläufe einer Uhr zu vergleichen. Man kann nämlich die spätere Zeitstrecke nicht zurücktransportieren und neben die frühere legen. Zwei Uhren können höchstens nebeneinander gestellt werden, um zu beobachten, wie Anfang und Ende ihrer Perioden zusammenfallen. Ob zwei Uhren aber für immer ganggleich bleiben, läßt sich durch Beobachtung nicht entscheiden. Ob nachfolgende Perioden immer gleich groß sind, darf aber auch nicht aus Naturgesetzen gefolgert werden, da zur Überprüfung dieser Gesetze Zeitmessung vorausgesetzt werden muß. Daher muß das Maß der Gleichförmigkeit, so der einhellige Tenor von Mach und Poincaré bis zu Reichenbach, durch eine Zuordnungsdefinition (z. B. die Rotation der Erde) festgelegt werden. Welche Zuordnungsdefinition gewählt wird (z. B. astronomische Perioden, Atomuhr), ist eine Frage der Zweckmäßigkeit und nicht wahrer Erkenntnis.[8]

In der Protophysik der Zeit[9] wurde versucht, eine Uhr unabhängig von ihrer technischen Realisation als ein Gerät zu definieren, bei dem sich ein Punkt (‚Zeiger‘) längs einer Geraden (‚Bahn‘) gleichförmig bewegt. Zur Definition von Gleichförmigkeit wird zunächst die ‚Ähnlichkeit‘ als konstantes Gangverhältnis uhrenfrei definiert. Anschließend wird die Eindeutigkeit der Zeitmessung dadurch bewiesen, daß die Ähnlichkeit aller Uhren bewiesen wird. Das Faktum der Technikgeschichte, das benutzt wurde, war die technisch hinreichend gelungene Reproduktion von Uhren mit konstantem Gangverhältnis.

Während die Gleichförmigkeit die gleiche Größe nachfolgender Zeitperioden betrifft, geht es bei der Gleichzeitigkeit um die gleiche Größe zweier Zeitperioden, die zur gleichen Zeit ablaufen. Wie Gleichzeitigkeit zweier Uhren am gleichen Ort geprüft werden kann, wurde bereits erwähnt. Wie soll aber der Zeitvergleich entfernter Ereignisse realisiert werden? Grundsätzlich muß dazu eine Signalkette benutzt werden, mit der die Zeit auf der Uhr des einen Ortes zum anderen Ort mit der zweiten Uhr übertragen wird.

Für Newton findet diese Signalübertragung augenblicklich (‚instantan‘), also mit unendlich großer Geschwindigkeit statt. Ende des 19. Jahrhunderts stand aber fest, daß Signalübertragung maximal mit der endlich großen Lichtgeschwindigkeit möglich ist. Damit ist ein direkter Zeitvergleich entfernter Uhren ausgeschlossen. Um die Signalgeschwindigkeit zu messen, wurde daher folgendes Verfahren vorgeschlagen. Zur Zeit t_1

wird von Ort A nach Ort B ein Signal gesendet, dort zum Zeitpunkt t_2 gespiegelt und zum Zeitpunkt t_3 an Ort A wieder empfangen (Fig. 2).

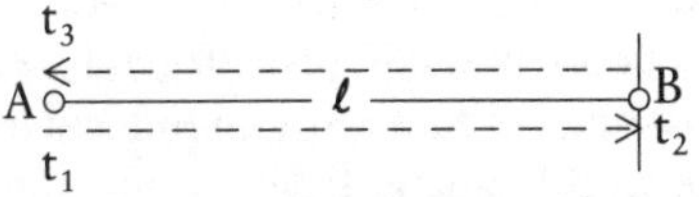

$$A \underset{t_1}{\overset{t_3}{\rightleftarrows}} \ell \quad \underset{t_2}{B}$$

Fig. 2 (nach Reichenbach [1928] Fig. 18)

Die Zeiten t_1 und t_3 werden mit einer Uhr in A abgelesen. Von der Zeit t_2 steht a priori nur fest, daß sie später als t_1 und früher als t_3, also zwischen t_1 und t_3 liegt. Um t_2 zu berechnen, hat Einstein die Hälfte des Zeitintervalls zwischen t_1 und t_3 vorgeschlagen, als $t_2 = t_1 + \frac{1}{2}(t_3 - t_1)$. Dieser Formel liegt die Annahme zugrunde, daß ein Signal von A nach B dieselbe Zeit verbraucht wie von B nach A. Das kann aber in der Versuchsanordnung (Fig. 2) nicht gemessen werden, sondern ist, wie H. Reichenbach betont, eine Frage zweckmäßiger Definition der Gleichzeitigkeit. Aus der Endlichkeit der Signalgeschwindigkeit folgt nur $t_2 = t_1 + \varepsilon(t_3 - t_1)$ für $0 < \varepsilon < 1$.

Für die Zeiteinheit, Gleichförmigkeit und Gleichzeitigkeit sind also metrische Zuordnungsdefinitionen notwendig, um messen zu können. Diese Vereinbarungen sollten so gewählt werden, daß die Meßverfahren möglichst einfach und zweckmäßig sind. Die Gesetze und Theorien sind von diesen Konventionen natürlich nicht betroffen, da die unterschiedlichen Meßverfahren untereinander transformierbar sein sollen. Neben der Metrik der Zeit ist die Topologie der Zeit, d.h. die Zeitfolge der Zeitpunkte zu unterscheiden. Dabei wird wieder die Zeitfolge am selben Ort vom Vergleich zweier Zeitreihen an verschiedenen Orten unterschieden. Mit diesen erkenntnistheoretischen Überlegungen sind wir bereits in die Grundlagendiskussion der Relativitätstheorie geraten, die den physikalischen Zeitbegriff revolutionieren sollte.

III. Relativistische Raum-Zeit

Das relativistische Raum-Zeit-Konzept bestimmt die moderne physikalische Theoriebildung grundlegend. Zeitmessung ist nicht länger absolut, sondern wird im Sinne der Speziellen Relativitätstheorie wegabhängig. Jeder hat im Sinne Einsteins seine eigene Zeit (‚Eigenzeit‘). Damit ist allerdings keine subjektive Erlebniszeit gemeint, sondern ein metrisch und topologisch objektiv präzisierbarer Zeitbegriff. Aus Einsteins Allgemeiner Relativitätstheorie, d. h. der relativistischen Gravitationstheorie, können kosmologische Standardmodelle abgeleitet werden, die endliche und unendliche Zeitentwicklungen mit Anfangssingularität zulassen. Für eine Entscheidung über diese Modelle muß jedoch die Quantenmechanik als moderne (nicht-klassische) Materietheorie berücksichtigt werden. Newtons Zeitauffassung behält nur noch lokal und approximativ für deutlich langsamere Geschwindigkeitsbereiche als die Lichtgeschwindigkeit ihre Gültigkeit.

1. Zeit in der Speziellen Relativitätstheorie

Die Newtonschen Gleichungen der Mechanik gelten unabhängig von besonderen Inertialsystemen, sofern ihre Raum- und Zeitkoordinaten mit den Galilei-Transformationen umgerechnet werden. Im Sinne von Newtons Forschungsprogramm wurde daher erwartet, daß auch die Maxwellschen Gleichungen der Elektrodynamik galilei-invariant sind. Nach H. Hertz hat man sich Licht als elektromagnetische Wellen vorzustellen. Eine einfache Rechnung zeigt aber, daß die Wellengleichung des Lichtes nicht galilei-invariant ist.

Wenn die Gleichungen der Elektrodynamik aufgrund ihrer überwältigenden experimentellen Bestätigung (z. B. Elektrotechnik) als korrekt akzeptiert werden müssen, bleiben nur folgende Möglichkeiten:

1) Die Mechanik ist galilei-invariant. Die Elektrodynamik hat ein ausgezeichnetes Bezugssystem, in dem der Äther ruht.

2) Es gibt ein Invarianzprinzip („Relativitätsprinzip') für Mechanik und Elektrodynamik. Das kann nicht das Galileische Relativitätsprinzip sein. Eine Änderung der Mechanikgesetze wird erforderlich.

Die 1. Möglichkeit wurde historisch z.B. von H. A. Lorentz verfochten. Die 2. Möglichkeit war schließlich Einsteins Ansatz. Für die 1. Möglichkeit war es naheliegend, die Existenz des Äthers mit der Relativbewegung eines Bezugssystems (z.B. Erde) zum Äther nachzuweisen. Berühmt wurden in dem Zusammenhang die Michelson-Morley-Versuche, die seit 1881 durchgeführt wurden. Der gesuchte Effekt zum Nachweis der Existenz des ruhenden Äthers blieb jedoch aus.

Im Unterschied zu Lorentz votierte Einstein für ein gemeinsames Relativitätsprinzip von Mechanik und Elektrodynamik. In seiner berühmten Arbeit vom 30.6.1905 über die Elektrodynamik bewegter Körper stellt Einstein zwei Postulate an den Anfang:[1]

1. Spezielles Relativitätspostulat: Alle gleichförmig geradlinig zueinander bewegten Inertialsysteme sind physikalisch gleichwertig.

2. Postulat der Konstanz der Lichtgeschwindigkeit: Die Lichtgeschwindigkeit ist in (wenigstens) einem Inertialsystem konstant unabhängig vom Bewegungszustand der Lichtquelle.

Das Relativitätspostulat ist eine Forderung, die bereits in der neuzeitlichen Physik (z.B. Galilei, Huygens) aufgestellt wurde. Die Konstanz der Lichtgeschwindigkeit war jedoch zum Zeitpunkt von Einsteins historischer Arbeit von 1905 experimentell noch nicht bestätigt. Heute liegen jedoch hochgradige Bestätigungen aus Experimenten der Elementarteilchenphysik vor.

Die Raum-Zeit-Struktur, die sich aus Einsteins Prinzipien ergibt, wird durch eine passende Transformationsgruppe für Inertialsysteme festgelegt. Das kräftefreie Punktteilchen soll sich nach wie vor bei Bezug auf ein Inertialsystem geradlinig gleichförmig bewegen. Zusätzlich soll aber in jedem Inertialsystem in Übereinstimmung mit den Maxwellschen Gleichungen die Lichtgeschwindigkeit denselben konstanten Wert c aufweisen.

Die so charakterisierten Inertialsysteme heißen Lorentz-Systeme. Sie können allerdings nicht mehr über Galilei-Transformationen miteinander verknüpft werden. An ihre Stellen treten die Lorentz-Transformationen, bei denen die Gesetze der Elektrodynamik und der (für hohe Geschwindigkeiten revidierten) Mechanik invariant bleiben.

Durch die Lorentz-Transformationen werden nicht mehr wie bisher die Zeitkoordinaten für sich untereinander verbunden. Die Zeitkoordinate t' im neuen Bezugssystem I' ist nicht mehr nur eine Funktion der alten Zeitkoordinate t in I, sondern auch der Raumkoordinaten x_j (j = 1, 2, 3) von I, als t' = t'(x_j, t). Dann geht aber die Existenz einer universellen Zeit und damit einer universellen Gleichzeitigkeit verloren. Daher ist es auch nicht mehr sinnvoll, von Raum und Zeit als Größen zu sprechen, die voneinander in absoluter Weise getrennt sind, sondern von der als Einheit aufzufassenden vierdimensionalen Raum-Zeit (,Minkowski-Welt' nach H. Minkowski [1864–1909]).

Wenn immer ein Beobachter sein Lorentz-System einführt, zerlegt er dann für sich in beobachterabhängiger Weise diese Raum-Zeit in den von ihm gemessenen Raum und die von ihm gemessene Zeit. Ein anderer Beobachter, der bezüglich eines anderen Lorentz-Systems ruht, führt diese Zerlegung in anderer Weise durch. Damit stimmt weder der Zeitablauf in beiden Systemen überein, noch werden beide Beobachter bei Längenmessungen zu gleichen Aussagen kommen. Die jeweils gemessene Zeit und die jeweils gemessenen Abstände können jedoch durch die Lorentz-Transformationen ineinander umgerechnet werden.

Geometrisch läßt sich das Verhalten von Körpern in einem vierdimensionalen Lorentz-System mit euklidisch-cartesischen Raumkoordinaten x_j und Zeitkoordinate t wie folgt veranschaulichen. Wählt man die Lichtgeschwindigkeit als Einheit c = 1, so bewegen sich Körper mit Lichtgeschwindigkeit im Lorentz-System auf den Geraden mit 45° zur Zeitachse und bilden nach dem Satz des Pythagoras einen Lichtkegel $t^2 = x_1^2 + x_2^2 + x_3^2$ (Fig. 3). Wegen der Konstanz der Lichtgeschwindigkeit können zukünftige bzw. vergangene Ereignisse nur innerhalb des Lichtkegels liegen („zeitartige Ereignisse'). Masseteilchen bewegen sich auf Geraden („gleichförmig') wie in Fig. 3b oder Kurven („ungleichförmig') wie in Fig. 3c innerhalb eines Kegels, masselose Lichtteilchen (Photonen) auf dem Kegelmantel wie in Fig. 3a.[2]

Der Abstand („Metrik') vom Ursprung O zu einem Punkt Q mit Koordinaten x_j, t mit einem Lorentz-System beträgt $OQ^2 = t^2 - x_1^2 - x_2^2 - x_3^2$ und unterscheidet sich damit von der pythagoreisch-euklidischen Metrik um die Minuszeichen. Falls Q auf dem Kegelmantel liegt, so ist OQ = 0, falls Q innerhalb des

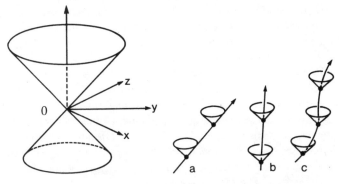

Fig. 3 (nach Mainzer in Audretsch/Mainzer [²1994], 40)

Kegelmantels liegt, so ist OQ > 0. Kausale Wechselwirkungen zwischen zwei Ereignissen an zwei Punkten P_1 und P_2 in der Minkowski-Welt werden durch den Schnitt des Zukunftskegels von P_1 und des Vergangenheitskegels von P_2 eingeschränkt.

Nach den neuen Zeittransformationen wird die Zeitmessung („Uhr') wegabhängig (wegen der zusätzlichen Abhängigkeit von Raumkoordinaten). Eine Veranschaulichung dieser Konsequenz ist das unterschiedliche Altern von gegeneinander bewegten Zwillingen: Zwei (gleichaltrige) Zwillinge trennen sich. Der erste bleibt in Ruhe in bezug auf ein Lorentz-System, der zweite reist davon, kehrt aber nach einiger Zeit an den Ort des Bruders zurück. Dann ist im Augenblick ihres Zusammentreffens der erste Zwilling älter als der zweite Zwilling, der die Reise unternommen hat. Dieser an Elementarteilchen mit hoher Geschwindigkeit (nahe der Lichtgeschwindigkeit) nachgewiesene Effekt zeigt, daß jeder seine eigene Zeit (‚Eigenzeit') hat.

Allerdings muß an dieser Stelle betont werden, daß auch die Gesetze der Speziellen Relativitätstheorie wie der klassischen Mechanik zeitinvariant bzw. zeitsymmetrisch sind. Mit der Speziellen Relativitätstheorie wäre daher auch die Vorstellung verträglich, daß die Zwillinge im Laufe ihrer Trennungszeit jünger geworden wären. Nur aufgrund der Erfahrung, daß alle Lebewesen altern, wird diese Möglichkeit ausgeschlossen. Der zeitgerichtete und irreversible Alterungsprozeß wird also durch die Spezielle Relativitätstheorie nicht erklärt.

Übrigens ist die klassische Raum-Zeit unter dem Gesichtspunkt der Minkowski-Geometrie nicht falsch. Die Einsteinsche Theorie läßt sich nämlich auf eine Raum-Zeit-Theorie mit Inertialsystemen einschränken, die sich langsam verglichen mit der Lichtgeschwindigkeit zum Newtonschen Inertialsystem des Planetensystems bewegen. Dabei sind diese Teilmengen von Inertialsystemen nicht zu weit auf das Weltall ausgedehnt. Die so eingeschränkte Einsteinsche Raum-Zeit-Theorie kann nun in die klassische Theorie eingebettet werden.

2. Zeit in der Allgemeinen Relativitätstheorie

Um auch die Gravitationsgleichung der Newtonschen Physik zu erfassen, muß die Spezielle zur Allgemeinen Relativitätstheorie erweitert werden. Als Einstein seine Untersuchung zur Raum-Zeit 1907 auf beschleunigte Bezugssysteme ausweitete, setzte er voraus, daß die Beschleunigungswirkung eines Bezugssystems nicht von der Wirkung eines Gravitationsfeldes unterschieden werden kann. Bekannt ist sein Gedankenexperiment eines Beobachters, der sich in einem geschlossenen Kasten ohne Kontakt zur Außenwelt befindet und nur Bewegungen von Körpern in diesem Kasten beobachten kann. Alle Massen erfahren in einem homogenen Gravitationsfeld die gleiche konstante Beschleunigung nach unten. Auch bezüglich eines mit der gleichen Beschleunigung nach oben bewegten Kastens erfahren freie Massenpunkte beliebiger Masse diese Beschleunigung nach unten. Ein Beobachter im Kasten kann daher durch Messung nicht entscheiden, ob der Kasten konstant beschleunigt wird oder sich in einem homogenen Gravitationsfeld befindet.

Gleichbedeutend damit kann man auch sagen, daß ein homogenes Gravitationsfeld in seinen Auswirkungen auf Massen in nicht unterscheidbarer Weise durch Bezug auf ein geeignet beschleunigtes Bezugssystem simuliert werden kann. Anders ausgedrückt: Durch Bezug auf ein frei fallendes Bezugssystem (z.B. Fahrstuhl) lassen sich alle Auswirkungen eines homogenen Gravitationsfeldes eliminieren, d.h. es herrscht Schwerelosigkeit.

Bisher wurde nur der Spezialfall homogener Gravitationsfelder berücksichtigt. In einem inhomogenen Gravitationsfeld mit unterschiedlichen Gravitationswirkungen können jedoch immer hinreichend kleine Bereiche betrachtet werden, in denen sich Gravitationswirkungen kaum ändern und deren Wirkungen daher durch ein homogenes Gravitationsfeld approximiert werden können. Das Äquivalenzprinzip besagt daher, daß wenigstens lokal, d.h. in sehr kleinen Raum-Zeit-Abschnitten, in denen sich das Gravitationsfeld nicht ändert, ein Inertialsystem gewählt werden kann, wobei die Gravitationswirkung aufgehoben wird. Lokal gelten daher die Gesetze der Speziellen Relativitätstheorie ohne Gravitation. Einsteins Gedankenexperiment ist heute durch die Astronauten im Orbit realisiert, die während des freien Falls im Gravitationsfeld der Erde Schwerelosigkeit registrieren.

Auch bei Frequenzmessungen an Lichtstrahlen kann ein Beobachter nicht zwischen konstant beschleunigtem Bezugssystem und homogenem Gravitationsfeld unterscheiden. Wie ein geworfener Stein, so verliert auch Licht an Energie, wenn es im Gravitationsfeld gegen die Wirkung einer gravitativen Anziehung aufsteigt. Seine Frequenz nimmt ab, und seine Farbe wird im Spektrum zu größeren Wellenlängen hin rotverschoben. Wird ein Lichtstrahl im geschlossenen Kasten von Wand zu Gegenwand quer zur Beschleunigungsrichtung bzw. Gravitationswirkung gesendet, so wird er in beiden Fällen ununterscheidbar zum Boden gekrümmt. Das ist der Fall, den Eddington bei der Lichtablenkung im Gravitationsfeld der Sonne beobachtete.

Gemäß dem Äquivalenzprinzip handelt es sich dabei wieder um lokale Effekte von Gravitationsfeldern, die global inhomogen sind. Frei fallende Körper in inhomogenen Gravitationsfeldern weisen Relativbeschleunigungen untereinander auf. Bei Abwesenheit von Gravitation bewegen sich freie Punktteilchen und Lichtstrahlen mit konstanter Geschwindigkeit auf geraden Linien, also ohne Relativbeschleunigung untereinander. Wird ein Gravitationsfeld eingeschaltet, indem z. B. eine große Masse in die Nähe gebracht wird, so werden diese Bahnen verbogen bzw. weisen Relativbeschleunigungen auf. Gravitationswirkung entspricht also geometrisch Bahnkrümmung. In diesem Sinn entspricht einem inhomogenen Gravitationsfeld global eine gekrümmte Raum-Zeit.

Das erinnert zunächst an einen bekannten Fall aus der sphärischen Geometrie der Erdkugel, wie er aus der Geodäsie bekannt ist. Die geradesten Bahnen (,Geodäten') auf der gekrümmten Erdoberfläche (z. B. die kürzeste Verbindung zwischen zwei Orten) sind bekanntlich Kreisbögen. Wählt man aber beliebig kleine Abschnitte, so erhält man approximativ gerade Strecken: Ein Bogen setzt sich aus infinitesimal kleinen geraden Strecken zusammen. Die Geometrie der geraden Strecken ist aber euklidisch. Daher sagt man allgemein in der Riemannschen Differentialgeometrie gekrümmter Räume (z. B. sphärische Geometrie der Kugeloberfläche), daß lokal in infinitesimal kleinen Bereichen die euklidische Geometrie gilt.

Analog fordert Einsteins Äquivalenzprinzip der Allgemeinen Relativitätstheorie gekrümmter Raum-Zeit, daß lokal in infinitesimal kleinen Bereichen die flache Raum-Zeit der Minkowski-Geometrie vorliegt, also die physikalischen Gesetze lokal wie in der Speziellen Relativitätstheorie lorentz-invariant sind. Allgemein sind die physikalischen Gesetze kovariant, d. h. sie behalten ihre Form ('Form-Invarianz') bei allgemeinen (auch gekrümmten) Koordinatentransformationen.[3]

Die lokale Lorentz-Invarianz bestimmt die Zeit- und Kausalitätsverhältnisse in einem allgemein-relativistischen Gravitationsfeld. Falls ein Punkt P mit einem Punkt P' durch eine zeitartige Kurve verbunden werden kann, dann kann ein Signal von P nach P' gesendet werden, aber nicht umgekehrt. Tatsächlich läßt die Einsteinsche Gravitationsgleichung aber auch Lösungen zu, in denen zeitartige Kurven geschlossene Bögen beschreiben. In einer solchen Welt würde die physikalische Paradoxie auftreten, daß ein Astronaut in seine eigene Vergangenheit fährt. Wir werden auf diesen Fall bei der Diskussion der relativistischen Kosmologie (III. 3) zurückkommen.

Empirische Bestätigungen von Einsteins Gravitationsgleichung lieferten Lichtablenkung, Laufzeitverzögerung und Periheldrehung. Für unseren Zusammenhang ist die Zeitdehnung durch Gravitation von großem Interesse. Uhren, die dem Erdmittelpunkt näher und damit tiefer im Gravitationsfeld der Erde stehen, laufen, wenn auch minimal, aber nachweislich langsamer. Auch diese gravitative Zeitdehnung nach der Allgemeinen Relativitätstheorie läßt sich wieder durch ein Gedankenexperiment von Zwillingen veranschaulichen. Ein Zwilling, der auf der Oberfläche eines sehr dichten Himmelskörpers (z. B. Neutronenstern) starker Gravitation ausgesetzt war, wird nach Rückkehr auf die Erde deutlich jünger als sein Zwillingsbruder auf der Erde sein. Gleichwohl wird auch in der Allgemeinen wie in der Speziellen Relativitätstheorie keine Zeitrichtung ('Älterwerden') ausgezeichnet, sondern als bisher unerklärte Erfahrungstatsache angenommen.

3. Zeit in der relativistischen Kosmologie

Von den Symmetrieeigenschaften des Universums im kosmischen Maßstab kann sich jedermann auf der Erde wenigstens ausschnittsweise überzeugen. Wenn wir von der Erde aus den „bestirnten Himmel über uns" betrachten, so bieten sich dem bloßen Auge wie auch den stärksten Fernrohren immer die gleichen Verhältnisse, eine durchschnittlich gleiche Verteilung von Materie, die sichtbar in Himmelskörpern kondensiert ist. Diese Beobachtungen führten zu einem allgemeinen kosmologischen Postulat, wonach die Materie im Mittel über das gesamte Universum gleichmäßig verteilt sei (Homogenität) und seine Eigenschaften unverändert bleiben, unabhängig von der Blickrichtung des Beobachters (Isotropie). Homogenität bezieht sich nicht auf das Universum im Detail, sondern auf Zellen mit einem Durchmesser von 10^8 bis 10^9 Lichtjahren, in denen es im einzelnen zu unregelmäßigen Materiekondensationen in Form von Galaxien kommen kann.

Es bleibt die Frage, ob das Universum zu allen Zeiten regelmäßig beschaffen war oder ob sich seine Symmetrie nur auf einen bestimmten Zeitraum bezieht. 1929 entdeckte E. P. Hubble, daß die Geschwindigkeit der Fluchtbewegung der Galaxien mit dem Abstand zwischen einem Galaxienhaufen und seinem Beobachter wächst. So deutete er nämlich die Beobachtung, daß das Licht sehr weit entfernter Galaxien sich zum roten Bereich des Spektrums, also zu größeren Wellenlängen verschiebt. Grundlage dieser Erklärung ist der Doppler-Effekt, wonach die Wellenlängen des von einer bewegten Lichtquelle ausgesandten Lichtes einem ruhenden Beobachter größer erscheinen, wenn sich die Lichtquelle entfernt, und kleiner, wenn sie sich nähert.

Nach dem kosmologischen Prinzip sollten daher alle Raumpunkte physikalisch die gleiche Entwicklung durchlaufen, und zwar zeitlich so korreliert, daß alle Punkte in einem festen Abstand einem Beobachter gerade im gleichen Entwicklungsstadium erscheinen. In diesem Sinne muß dem Beobachter der räumliche Zustand des Universums zu jedem Zeitpunkt in der

Zukunft und Vergangenheit homogen und isotrop erscheinen. Geometrisch ist dazu unser Beobachter z. B. mit Standort in der Mitte der Milchstraße mit einem Standard-Koordinatensystem auszustatten. Die Richtung von drei räumlichen Koordinaten kann z. B. durch die Sichtlinien vom Standort zu typischen Galaxien bestimmt werden. Für die Zeitkoordinate kann als ‚kosmische Uhr‘ z. B. die Strahlentemperatur eines schwarzen Körpers gewählt werden, die überall monoton abnimmt.

Unter Voraussetzung des kosmologischen Prinzips ergeben sich Friedmanns Standardmodelle kosmischer Evolution für die drei geometrisch möglichen Fälle homogener Räume mit positiver, flacher und negativer Krümmung.[4] Mathematisch wird die kosmische Evolution in den drei Standardmodellen durch die Entwicklung des sogenannten ‚Weltradius‘ $R(t)$ und einer Energiedichtefunktion in einer Differentialgleichung erster Ordnung beschrieben, die aus Einsteins relativistischer Gravitationsgleichung ableitbar ist. Nach den Singularitätssätzen von R. Penrose (1965) und S. Hawking (1970) folgt aus der Allgemeinen Relativitätstheorie auch, daß die kosmischen Standardmodelle eine anfängliche Raum-Zeit-Singularität mit unendlicher Krümmung haben müssen.[5] Kosmologisch wird sie als ‚Urknall‘ (‚Big Bang‘) des Universums gedeutet. Danach expandiert das Universum zunächst sehr schnell („inflationäres Universum‘), um dann langsamer zu werden. Im Standardmodell mit positiver Krümmung kehrt sich die Expansion zu einem Kollaps um, der eine neue Singularität darstellt. Man spricht dann von einem geschlossenen Universum. Für die beiden anderen Standardmodelle mit flacher und negativer Krümmung setzt sich die Expansion unbegrenzt mit jeweils mehr oder weniger großer Schnelligkeit fort. Man spricht dann auch von offenen Universen.[6]

Zum Zeitpunkt der Anfangssingularität muß also die Dichte in den Standardmodellen unendlich gewesen sein. Als Relikt aus dieser heißen Frühphase des Universums wird die 2,7° K Mikrowellenhintergrundstrahlung gedeutet, die 1950 bereits prognostiziert und 1965 entdeckt wurde. Sie hat das Spektrum eines Planckschen schwarzen Körpers und ist nahezu isotrop.

Die Mikrowellenhintergrundstrahlung gilt daher auch als prominente Bestätigung der Friedmannschen Standardmodelle mit ihren Symmetrieannahmen.

An dieser Stelle ist es wichtig, sich über den mathematischen Charakter einer Raum-Zeit-Singularität wie des ‚Big Bang' klar zu werden. Singularitäten haben den Nachteil, daß an Raum-Zeit-Stellen mit unendlicher Krümmung die physikalischen Gesetze nicht definiert sind und daher keine Prognosen über das physikalische Geschehen möglich sind. Damit ist aus der Relativitätstheorie zwingend eine interne Grenze ihres Erklärungspotentials abgeleitet. Im Rahmen der Friedmann-Modelle kann daher ohne Erklärung nur festgestellt werden, daß Zeit mit der Anfangssingularität beginnt. Im Rahmen der relativistischen Kosmologie ist Zeit nur eine reelle Koordinate, um Ereignisse zu markieren. Die Frage, was ‚vor' der Anfangssingularität war, ist mathematisch nicht definiert und daher sinnlos. Auch die Rede von einer ‚Schöpfung' der Zeit ist mathematisch im Rahmen der Relativitätstheorie nicht definiert. Wir müssen streng zwischen den definierten Begriffen einer physikalischen Theorie und weltanschaulichen Interpretationen unterscheiden.

Die Singularitätssätze sagen auch die Möglichkeit von sehr kleinen Gebieten der relativistischen Raum-Zeit voraus, in denen sich die Raum-Zeit extrem krümmen und daher die Gravitation unendlich groß werden kann. Astrophysikalisch werden diese Singularitäten als ‚Schwarze Löcher' gedeutet, denen der Tod eines Sterns durch Gravitationskollaps vorausging. Dazu wird eine dreidimensionale raum-zeitliche Oberfläche (‚absoluter Ereignishorizont') angenommen, der alle von außen einfallenden Signale ‚verschluckt' und keine Signale oder Partikel nach außen läßt. Im Zentrum dieses absoluten Ereignishorizontes wird die raum-zeitliche Singularität angenommen, in der die Krümmung der Raum-Zeit unendlich wird. Es handelt sich also um einen absoluten Endpunkt für kausale Zeitsignale.

Ein Gedankenexperiment mit einem Astronauten, der sich einem Schwarzen Loch nähert, erläutert noch einmal anschaulich die Konsequenzen der Einsteinschen Relativitätstheorie. Wenn dieser Astronaut den (relativen) Ereignishorizont des Schwarzen Lochs passiert und von da ab nach seiner Uhr in gleichen Abständen ein Lichtsignal zu seiner Raumstation außerhalb des Ereignishorizonts sendet, so werden dort die Lichtsignale nach der Uhr der Raumstation in immer größeren Abständen und einer Rotverschiebung zu immer langwelligerem Licht empfangen, bis die Zeit des Astronauten von außen betrachtet zum Stillstand kommt und die Lichtsignale wegen der unendlichen Krümmung nicht mehr empfangen werden können.

Nun sind aber die Allgemeine ebenso wie die Spezielle Relativitätstheorie und die klassische Mechanik zeitsymmetrische Theorien. Ihre Gesetze bleiben also unverändert, wenn wir die Zeit rückwärts laufen lassen bzw. die Zeitkoordinate t durch -t ersetzen. Daher sagt die Allgemeine Relativitätstheorie auch das zeitlich spiegelbildliche Verhalten eines Schwarzen Lochs voraus, d.h. unendlich dichte Materiepunkte, aus denen Lichtsignale explodieren ('Weiße Löcher'). Diese mathematische Konsequenz einer zeitsymmetrischen Theorie gilt jedoch als physikalisch unwahrscheinlich und wurde von R. Penrose durch eine Ad-hoc-Hypothese ('Kosmische Zensur') ausgeschlossen. Damit werden erneut interne Grenzen und Erklärungsdefizite der relativistischen Kosmologie deutlich.

Schließlich wurden auch andere kosmologische Prinzipien vorgeschlagen. Für die Zeitdiskussion ist das sogenannte 'Partielle Kosmologische Prinzip' nach K. Gödel (1949) interessant.[7] Danach ist das Universum nur homogen, aber nicht isotrop. Die damit verbundene kosmische Geometrie besitzt als mathematische Möglichkeit geschlossene zeitartige Weltlinien, die hochgradige Science-fiction-Situationen heraufbeschwören. In der Gödelschen Raum-Zeit könnte ein Beobachter ohne weiteres eine 'Reise in die Vergangenheit' antreten, um dann dem eigenen früheren Ich zu begegnen. In diesem Fall liefert die Mikrowellenhintergrundstrahlung eine empirische Widerlegung, da sie gerade isotrop ist.

Wenn aber das Kosmologische Prinzip der Friedmann-Modelle zutreffen sollte, dann stellt sich die Frage, wie die Anfangssingularität der Zeit und die hochgradige Symmetrie des Universums physikalisch erklärt werden sollen. Offenbar reichen dazu Kosmologisches Prinzip und Relativitätstheorie nicht mehr aus. Die moderne Kosmogonie verschmilzt vielmehr mit Quantenmechanik und Elementarteilchenphysik zu einem Forschungsprogramm, in dem die zeitliche Evolution des Universums erklärt werden soll.

IV. Zeit und Quantenwelt

Trotz Unschärfen und statistischer Berechnungen von Meßgrößen in der Quantenwelt bleibt die Zeit nur der Parameter einer deterministischen Bewegungsgleichung („Schrödingergleichung"), die wie in der klassischen und relativistischen Mechanik zeitsymmetrisch ist. Auch die Quantenwelt scheint danach zunächst vom Typ einer unveränderlichen Parmenideswelt ohne Auszeichnung einer Zeitrichtung zu sein. Im quantenmechanischen Meßprozeß begegnen wir jedoch einem irreversiblen Vorgang mit zeitlicher Symmetriebrechung. Auch in den Quantenfeldtheorien, die Wechselwirkungen von Elementarteilchen beschreiben, zeichnen sich mögliche Verletzungen der Zeitsymmetrie ab. Es stellt sich schließlich die Frage, ob irreversible Prozesse im Rahmen der kosmischen Evolution erklärt werden können, wenn eine Vereinigung von Allgemeiner Relativitätstheorie mit Quantenmechanik gelingt. Viele aktuelle Fragen der Forschung vom quantenmechanischen Meßprozeß über die Schwarzen Löcher der Astrophysik bis zum anthropischen Prinzip hängen, so wird vermutet, mit dieser erkenntnistheoretischen Diskussion der Zeit unmittelbar zusammen.

1. Zeit in der Quantenmechanik

Um 1900 wurde Max Planck zur Einführung seines nach ihm benannten minimalen Wirkungsquantums durch unendliche Größen („Singularität") veranlaßt, die bei einer klassischen Beschreibung der Spektralverteilung eines schwarzen Hohlraum-Strahlers (z. B. erhitzter Ofen) auftreten. Albert Einstein verwendete 1905 Plancks Annahme kleinster Energiequanten zur Erklärung des Photoeffekts und erweiterte sie für Lichtquanten (Photonen), die 1923 durch den Compton-Effekt empirisch bestätigt wurden. Niels Bohr wendete 1913 die Quantenhypothese auf das Rutherfordsche Atommodell an, um damit eine Theorie des Spektrums des Wasserstoffatoms zu begründen und anschließend Deutungen von Spektren weiterer Atome zu ermöglichen. Dazu führte er das Korrespondenzprinzip ein, um bekannte Resultate der klassischen Mechanik heuristisch mit Plancks Wirkungsquantum modifiziert in die Quantentheorie zu übertragen. In dieser älteren Quantentheorie stellte sich das mikrophysikalische Geschehen im Unterschied zur klassischen Physik mit Quantensprüngen dar, bei denen sich die Energie unstetig um kleine, unteilbare Beiträge (Quanten) ändert bzw. quantisiert ist.

In der Hamiltonschen Version der klassischen Mechanik ist der Zustand eines Systems durch ein Paar kanonisch konjugierter Meßgrößen wie Ort und Impuls bestimmt. Die zeitliche Entwicklung des Systemzustands ist durch die Bewegungsgleichungen nach Hamilton eindeutig determiniert. Im Unterschied zur klassischen Physik treten in der Quantentheorie Gesetzmäßigkeiten auf, die eine beliebig genaue Messung des Systemzustands verhindern.

Die kausale Entwicklung der Zustände eines Quantensystems (z. B. Atom, Elektron) ist durch die (zeitabhängige) Schrödingergleichung eindeutig determiniert.[1] Da die Schrödingergleichung eine partielle Differentialgleichung ist, unterscheidet sich die Kausalität eines Quantensystems mathematisch zunächst nicht von der klassischen Physik. Daher ist die Schrödingergleichung auch zeitsymmetrisch. Der Unterschied zur klassischen Mechanik besteht in den Quantenzuständen. An die Stelle von Vektoren wie z. B. Ort und Impuls treten Operatoren („Observable‘), die gewissen Vertauschungsrelationen in Abhängigkeit vom Planckschen Wirkungsquantum genügen. Für Observablen im Quantenzustand lassen sich nur statistische Erwartungswerte angeben. Bei der Messung zweier beliebiger Observablen an Systemen im gleichen Anfangszustand streuen die Meßwerte mit Standardabweichungen um die jeweiligen Erwartungswerte. Für die Heisenbergsche Unschärferelation folgt nun in der Quantenmechanik allgemein, daß das Produkt beider Streuungen einen Mindestwert in Abhängigkeit vom Planckschen Wirkungsquantum nicht unterschreiten kann.

In formaler Analogie zur Unschärferelation von Ort und Impuls ergibt sich die Unschärferelation für die (ebenfalls kanonisch konjugierten) Größen von Zeit und Energie. Dabei wird die Streuung bezüglich der Zeit als minimale Meßzeit interpretiert: Soll durch eine Energiemessung zwischen zwei Quantenzuständen mit entsprechenden Energiewerten unterschieden werden, so ist für die Meßzeit eine untere Schranke in Abhängigkeit vom Planckschen Wirkungsquantum gegeben. Die Analogie zur Unschärferelation von Ort und Impuls ist allerdings nur formal, da ein Zeitoperator in der Quantenmechanik nicht definiert ist. Zeit ist also in der Quantenmechanik nur ein invarianter Parameter wie in der klassischen Mechanik und Relativitätstheorie, keine Meßgröße im Sinne eines quantenmechanischen Operators. Erst bei Berücksichtigung irreversibler Entwicklungsprozesse wird sich später auch die Zeit als Operator im Rahmen einer verallgemeinerten Quantenmechanik definieren lassen.

Ein entscheidender Unterschied zur klassischen Mechanik ist das Superpositionsprinzip, das die Linearität der Quantendynamik zum Ausdruck bringt. Mathematisch ist nämlich die Superposition zweier reiner Quantenzustände eine Linearkombination, die wieder einen reinen Quantenzustand darstellt. In Schrödingers Bild überlagern bzw. durchdringen sich zwei Quantenzustände wie zwei Wellen und bilden ein Wellenpaket, das wieder einen Quantenzustand darstellt. Das Superpositionsprinzip ist also ein Linearitätsprinzip, und in diesem Sinn ist die Quantenmechanik eine lineare Theorie. Observable, die in zwei getrennten (reinen) Zuständen des Quantensystems noch definite Werte hatten, besitzen in der Superposition beider Zustände nur indefinite Werte.

So können in heutigen EPR-Experimenten (nach *Einstein – Podolsky – Rosen*) z.B. Photonenpaare analysiert werden, die aus einer zentralen Quelle in entgegengesetzter Richtung auf polarisierte Filter fliegen.[2] Die Korrelationen der Polaritätszustände werden als Superposition korrelierter Photonen verstanden. Die beiden Photonen, die in der Quelle einmal miteinander wechselgewirkt haben, bleiben auch nach Verlassen der Quelle in einem streng korrelierten Gesamtzustand, obwohl sie räumlich getrennt und ohne physikalische Wechselwirkung sind.

Da der Gesamtzustand des Photonenpaares nach dem Superpositionsprinzip vorausberechnet werden kann, genügt die Messung des Teilzustandes eines Photons (d. h. z. B. des Polaritätszustandes an einem Filter), um augenblicklich den Teilzustand des anderen Photons (d. h. z. B. den Polaritätszustand am anderen Filter) vorauszusagen. Demgegenüber sind zwei auseinanderfliegende Tennisbälle (z. B. aus einer Wurfmaschine) nach den Gesetzen der klassischen Mechanik in separierten Zuständen, die stets lokalisierbar sind. Man sagt daher auch, die Quantenmechanik sei im Unterschied zur ‚lokalen‘ klassischen Mechanik eine ‚nichtlokale‘ Theorie.

Das Superpositions- bzw. Linearitätsprinzip der Quantenmechanik hat ernste Konsequenzen für den quantenmechanischen Meßprozeß und damit für die Zeitentwicklung von Quantensystemen. Im Anfangszustand der Messung zum Zeitpunkt 0 sind beide Systeme in zwei getrennten Zuständen präpariert. Die zeitliche Kausalentwicklung ist durch die Schrödingergleichung determiniert. Wegen des Superpositionsprinzips ist der Gesamtzustand zu einem späteren Zeitpunkt t > 0 mit nicht separierbaren Teilzuständen und indefiniten Eigenwerten verschränkt. Dennoch zeigt der Meßapparat zum Zeitpunkt t einen definiten Meßwert an. Die lineare Zeitdynamik der Quantenmechanik kann daher den Meßprozeß nicht erklären.

In der Kopenhagener Deutung der Quantenmechanik wird der Meßprozeß durch den sogenannten ‚Kollaps des Wellenpakets‘ gedeutet, d. h. die Superposition des Gesamtzustandes (‚Überlagerung von Wellenfunktion‘) splittert während des Ableseprozesses am Meßapparat spontan in die separierten Zustände von Meßapparat und gemessenem Quantensystem mit definiten Eigenwerten auf. Unabhängig von der Kopenhagener Deutung ist jedenfalls zwischen der linearen Dynamik von Quantensystemen und dem nichtlinearen Meßakt zu unterscheiden.

Die Everett-Interpretation der Quantenmechanik scheint die Probleme einer nichtlinearen Reduktion des Wellenpakets zu vermeiden, indem das menschliche Bewußtsein mit parallelen, aber getrennten Weltentwicklungen („many-worlds view") verbunden wird.[3] Everett argumentiert, daß der Zustandsvektor nie in Teilzustände aufspringt, sondern vielmehr alle zeitlichen Entwicklungszweige parallel aktualisiert werden. Der Gesamtzustand beschreibt eine Mannigfaltigkeit von gleichzeitig existierenden realen Welten. Jeder relative Zustand einer Welt hängt vom Zustand des Meßinstruments bzw. Zustand des Beobachters ab. Allerdings ist sich ein Beobachter nach der Everett-Interpretation nur eines zeitlichen Entwicklungszweigs bewußt, während die übrigen parallelen Welten prinzipiell nicht beobachtbar sind. Der Vorteil von Everetts Interpretation ist ohne Zweifel, daß die nichtlineare Reduktion von Superpositionen nicht erklärt werden muß. Der Nachteil ist offensichtlich der notwendige Glaube an Myriaden von parallelen zeitlichen Entwicklungen, die prinzipiell nicht beobachtbar sind.

Der Anlaß solcher unterschiedlicher Interpretationen ist die Tatsache, daß die Schrödingergleichung, mit der die zeitliche Entwicklung von gemessenem Quantensystem und Meßapparat während des Meßprozesses beschrieben wird, keine getrennten Endzustände für beide Teilsysteme liefert. Daher vermuten einige Physiker in der Tradition von Einstein nach wie vor, daß die lineare Dynamik der Quantenmechanik als Materietheorie unvollständig sei. Ziel wäre eine vereinigte Theorie von linearer Quantenmechanik und nichtlinearer Relativitätstheorie (d.h. nichtlinearer Feldgleichung der relativistischen Gravitationstheorie), in der die separierten Zustände makroskopischer Systeme ohne Bezug auf menschliches Eingreifen (z.B. menschliches Bewußtsein) erklärt werden könnten.

Nach einem Vorschlag von R. Penrose liegt der Größenbereich für nichtlineare Reduktionen von Superpositionen zwischen dem Quantenniveau der Elementarteilchen, Atome, Moleküle etc. mit linearer Dynamik und dem Niveau makroskopischer Alltagserfahrungen, den die klassische Physik beschreibt.[4] Allerdings fehlt bisher eine entsprechende prüfbare Vereinigungstheorie. Es gibt auch andere Vorschläge einer verallgemeinerten Quantenmechanik, in der das Superpositionsprinzip eingeschränkt ist, um die nichtlineare Separierung bzw.

Lokalität makroskopischer Systeme erklären zu können. So werden Meßapparate im quantenmechanischen Meßprozeß als makroskopische dissipative Systeme aufgefaßt.

Wie eine befriedigende Erklärung auch einmal ausfallen mag, so wird doch bereits deutlich: Während die (lineare) Quantenmechanik von einer zeitlich umkehrbaren und determinierten Dynamik der Quantenzustände ausgeht, sind Messungen und Beobachtungen irreversible Prozesse, die damit auch eine Zeitrichtung auszeichnen. Versucht man nämlich auf der Grundlage eines Beobachtungsergebnisses mit der gleichen Methode den vergangenen Zustand zu bestimmen, gelangt man zu falschen Ergebnissen.

Erkenntnistheoretisch ist bemerkenswert, daß der quantenmechanische Meßprozeß mit Zenons naturphilosophischem Paradox des Zeitpfeils zusammenhängt. Wir erinnern uns aus Kap. I. 2, daß nach Zenon die Bewegung eines abgeschossenen Pfeils eine Illusion sei. Für einen winzigen Augenblick (z. B. der Beobachtung) ist der Pfeil im Zustand der Ruhe. Je öfter wir den Abstand zum nächsten Augenblick verkleinern, um so kleiner wird die beobachtete Veränderung. Da diese Abstandsverminderung zum nächsten Augenblick im Prinzip beliebig fortgesetzt werden kann, wird es im Grenzfall nach Zenon keine Bewegungsänderung geben. Unter dem Titel *Zenon's Paradox in Quantum Theory* beschreiben B. Misra und G. Sudarshan 1977 einen Vorgang, bei dem ein instabiler Atomkern, der radioaktiv zerfallen kann, durch ständige Messung und Beobachtung am Zerfallsprozeß gehindert wird.[5]

Tatsächlich wurde 1991 für ein isoliertes spezielles Atom mit drei charakteristischen Energieniveaus der Quanten-Zenon-Effekt nachgewiesen. Statt der Bewegungszustände von Zenons Pfeil wurden nun die Energiezustände des Atoms untersucht. Mit einem Radiosignal kann ein Elektron angeregt und aus einem ursprünglich präparierten Grundzustand des Atoms in einen metastabilen Zustand überführt werden. Durch ein einfaches Verfahren mit einem Laser läßt sich die Besetzung der beiden möglichen Zustände messen, ohne die Besetzung selbst zu verändern.

Für den unbeobachteten Zeitraum zwischen zwei Messungen erlaubt die Quantenmechanik keine strikte Voraussage, welcher der Zustände besetzt ist. Vielmehr wird eine Superposition beider Möglichkeiten angegeben. Die zeitliche Entwicklung dieser Superposition unter dem Einfluß der Radiostrahlung entspricht dem Flug von Zenons Pfeil. Versucht man die Besetzung der Zustände auch innerhalb des Zeitintervalls durch zusätzliche Laserpulse zu messen, nimmt die Wahrscheinlichkeit, das Elektron am Ende des Zeitintervalls im metastabilen Zustand zu finden, mit der Zahl der Messungen stark ab. Statistisch gesehen gelingt es bei 64facher Beobachtung nicht mehr einem von hundert Elektronen, in den angeregten Zustand zu gelangen.

In der Kopenhagener Deutung zerstört jeder Meßprozeß die Superposition und zwingt das Elektron, sich für eines der beiden Niveaus zu entscheiden. Nach dem Meßvorgang entsteht eine neue Superposition, bis sie durch die nächste Messung zerstört wird. Treten diese Störungen häufig genug auf, ist das Elektron kaum noch in der Lage, seinen Ausgangszustand trotz Radiostrahlung zu verlassen. Im Bild von Zenon ist es dem Pfeil kaum noch möglich loszufliegen: Er verharrt in Ruhe.

Die Rede von einem geheimnisvollen ‚Kollaps der Superposition' durch den Meßakt ist aber, wie wir gesehen haben, eine Verlegenheit der linearen Quantenmechanik. Konkret läßt sich der Quanten-Zenon-Effekt im beschriebenen Experiment auch ohne dieses Postulat erklären. Danach ist eine Messung in diesem Experiment nichts anderes als eine irreversible (‚unumkehrbare') dynamische Entwicklung eines Quantensystems unter dem Einfluß eines optischen Laserfeldes.

2. Zeit in den Quantenfeldtheorien

Das Grundthema der Quantenelektrodynamik ist die Wechselwirkung von Materieteilchen (z. B. Elektronen) bzw. Materiewellenfeldern mit elektromagnetischen Feldern.[6] Ein elektrisches Feld kann anschaulich auf Ladungen zurückgeführt werden. Sind Ladungen bewegt, entstehen magnetische Felder, deren Verteilung insgesamt durch das magnetische Potential des elektrischen Feldes beschrieben wird. Jede lokale Änderung des elektrischen Potentials kann mit einer Änderung des magnetischen Potentials kompensiert werden, so daß das elektromagnetische Feld insgesamt unverändert („invariant') bleibt.

Elektromagnetische Wechselwirkungen sind uns bereits aus dem Alltag wohlbekannt. Die Ausstrahlung von elektromagnetischen Wellen durch ein beschleunigtes Atom kennt man z.B. von Radioantennen oder Röntgenröhren. Demgegenüber wurden die schwachen Wechselwirkungen in den Atomen viel seltener beobachtet, z.B. beim β-Zerfall des Neutrons, das sich unter gleichzeitiger Emission eines Elektron-Antineutrino-Paares in ein Proton umwandelt. Zunächst scheint es, daß schwache und elektromagnetische Wechselwirkungen wenig Gemeinsamkeiten haben. Die schwache Kraft ist ca. tausendmal schwächer als die elektromagnetische. Während die elektromagnetische Wechselwirkung langreichweitig ist, wirkt die schwache Kraft nur in Abständen, die wesentlich kleiner sind als z.B. der Radius des Neutrons. Die radioaktiven Zerfälle sind viel langsamer als die elektromagnetischen. Bei den elektromagnetischen Wechselwirkungen (z.B. Streuung von einem Elektron an einem Proton) werden im Unterschied zum β-Zerfall keine Elementarteilchen in andere umgewandelt. Die Teilchen, die an der schwachen Wechselwirkung teilhaben, heißen Leptonen (griech: leptos = zart): z.B. Neutrinos (ν), Elektronen ($e^{\mp}$) und Myonen (μ^+). Sie besitzen keine oder nur geringe Massen.

Die schwache Wechselwirkung ist mit einem grundlegenden Symmetrieproblem mit Folgen für den Zeitbegriff verbunden: Während die elektromagnetische Wechselwirkung räumlich spiegelungsinvariant ist, verletzt die schwache Wechselwirkung die Parität maximal. Im Unterschied zu den anderen physikalischen Grundkräften spielt der Spin der Elementarteilchen für die schwache Wechselwirkung eine große Rolle. Den Spin eines Teilchens kann man sich grob als Eigendrehimpuls vorstellen (obwohl es nach dem Korrespondenzprinzip kein klassisches Analogon gibt). Mathematisch wird der Spin eines Teilchens durch einen Vektor dargestellt, der parallel zur Drehachse ist. Er kann weder vergrößert noch verkleinert werden und beträgt im Fall der Leptonen h/2π (kurz ½). Spin-½-Teilchen können nur zwei quantenmechanisch erlaubte Richtungen im Raum einnehmen, d.h. der Spin zeigt entweder in die Geschwindigkeitsrichtung des Teilchens oder entgegengesetzt.

Man spricht in dem Zusammenhang auch von der Rechts- und Linkshändigkeit (Chiralität) des Teilchens. Hält man nämlich die rechte Hand so, daß die vier Finger in die Drehrichtung des rotierenden Teilchens zeigen, so weist der rechte Daumen in die Geschwindigkeitsrichtung. Im anderen Fall weist nur der Daumen der linken Hand in die Geschwindigkeitsrichtung.

Die Physiker T. D. Lee und C. N. Yang gaben 1956 Hinweise auf Experimente, in denen die Leptonen einen bestimmten Schraubensinn bevorzugen könnten. Tatsächlich zeigten Experimente, daß bei den schwachen Zerfällen Teilchen nur linkshändig und Antiteilchen nur rechtshändig emittiert werden. Konkret treten die Neutrinos, die ausschließlich schwache Wechselwirkung zu besitzen scheinen, nur als Linksschraube auf, die Antineutrinos nur als Rechtsschraube. Beim β-Zerfall des Neutrons (auch für das Myon) ist nur der Linksschraubenanteil beteiligt. Demgegenüber zeichnet die elektromagnetische Wechselwirkung keine Schraubenrichtung aus. Beide Schraubenanteile des Elektrons sind gleichberechtigt beteiligt. Insgesamt zeigt sich, daß die räumliche Spiegelungssymmetrie (Parität) bei der schwachen Wechselwirkung verletzt wird.

Neben den Symmetrietransformationen der Paritätsumkehr P und Zeitumkehr T wird die Ladungskonjugation C (engl. charge für Ladung) unterschieden, bei der ein Teilchen in sein Antiteilchen übergeht. Die Hintereinanderausführung PCT aller Symmetrietransformationen P, C und T führt auf eine berühmte Symmetrie, die unter dem Namen PCT-Theorem bekannt wurde. Danach gelten die Gesetze eines Quantensystems auch bei kombinierter Paritäts-, Ladungs- und Zeitumkehr. Für klassische Systeme der klassischen Physik ist dieses Ergebnis trivial, da sie sowieso gegen jede einzelne Transformation dieser Art invariant sind. Das trifft auch für die elektromagnetische Wechselwirkung zu, aber eben nicht für die schwache.

Die Paritätsumkehr produziert nämlich aus einem linkshändigen ein rechtshändiges Teilchen, das es in der Natur nicht gibt. Allerdings macht die Hintereinanderausführung von P und C aus einem linkshändigen Neutrino sein rechtshändiges Antineutrino, das sehr wohl in der Natur vorkommt. Für die schwache Wechselwirkung ist also beim β-Zerfall das Produkt PC ebenso erhalten wie die Zeitumkehr T, aber eben nicht P. Allgemein läßt sich festhalten, daß PC-Symmetrie wegen des PCT-Theorems auch T-Symmetrie zur Folge hat. Da die Gesetzmäßigkeiten nahezu aller Wechselwirkungen von Elementarteilchen PC-invariant sind, bleiben sie auch zeitsymmetrisch.

Bisher gibt es nur einen einzigen Hinweis auf eine Brechung der Zeitsymmetrie in der Elementarteilchenphysik.[7] Er tritt beim Zerfall eines Teilchens auf, das als neutrales Kaon bekannt ist. Meistens zerfällt das Kaon in ein negatives Pion, ein Positron und ein Neutrino. Für diesen Prozeß gilt die PC-Symmetrie, d. h. er tritt auch mit kombinierter Paritäts- und Ladungsumkehr auf.

In seltenen Fällen (1:1 Milliarde) zerfällt das Kaon in ein positives Pion, ein Elektron und ein Antineutrino. Jedenfalls ist in diesem Fall die PC-Symmetrie verletzt. Nach dem PCT-Theorem müßte dann aber auch die T-Symmetrie verletzt sein, d. h. der Prozeß tritt irreversibel ohne Zeitumkehr auf. Diese zeitliche Irreversibilität ist zwar äußerst selten und indirekt erschlossen. Aber dieser Schluß beruht auf der Allgemeingültigkeit des PCT-Theorems und einem gut beobachteten Elementarteilchenzerfall.

Von einer weiteren Symmetriehypothese gingen S. Weinberg, A. Salam und C. Ward bei ihrem Vorschlag aus, schwache und elektromagnetische Wechselwirkung zu vereinigen. Sie nahmen an, daß in einem hypothetischen Anfangszustand hoher Energie die schwache und elektromagnetische Wechselwirkung ununterscheidbar und durch Symmetrietransformationen ineinander überführbar sind. 1983 konnten diese Symmetriezustände mit hohem Energieaufwand im Forschungszentrum

CERN realisiert werden. Bei kritischen Werten niedrigerer Energie bricht die Symmetrie spontan in zwei Teilsymmetrien auseinander, die der elektromagnetischen und schwachen Wechselwirkung entsprechen. Dieser Vorgang wird hier durch den sogenannten Higgs-Mechanismus erklärt.

Allerdings ist das Konzept der spontanen Symmetriebrechung aus vielen physikalischen Bereichen bekannt:[8] Ein Beispiel, bei dem die Symmetrie eines Systems spontan verlorengeht, ist der Übergang eines Ferromagneten in den magnetisierten Zustand. Solange das Material nicht magnetisiert ist, wird keine Raumachse ausgezeichnet. Magnetisiert man aber das Material, so läßt sich eine Raumachse von den anderen durch die Lage der magnetisierten Pole unterscheiden, und die Symmetrie ist gebrochen. Die Elektronen und die Eisenkerne in einem Eisenstab werden durch Gleichungen beschrieben, die rotationssymmetrisch sind. Die (freie) Energie des magnetisierten Stabes ist dabei invariant gegenüber der Festlegung von Nord- bzw. Südpol.

Kennzeichnend für die spontane Symmetriebrechung eines Systems ist die kritische Größe eines Kontrollparameters, der eine physikalische Randbedingung eines Systems (z. B. Energie) repräsentiert. Im Rahmen der physikalischen Kosmologie wird Symmetrie als ein realer Zustand des Universums gedeutet, der in einem bestimmten Entwicklungsstadium unter bestimmten Temperatur- und Energiebedingungen des Universums geherrscht haben muß. Das Universum selbst wird also dabei als gigantisches Hochenergielaboratorium aufgefaßt, dessen Symmetriezustände in unseren irdischen Laboratorien teilweise ‚nachgemacht‘ werden können.

Die starke Kraft war als Kernkraft bekannt, die Proton und Neutron im Atomkern zusammenhält. In den 50er und 60er Jahren entdeckte man eine Fülle von neuen Teilchen, die mit der starken Kraft in Wechselwirkung standen, erzeugt und vernichtet wurden und deshalb Hadronen (griech: hadros = stark) hießen. Heute wird die Vielfalt der Hadronen, die mit starken Kräften wechselwirken, auf die Symmetrieeigenschaften weniger Grundbausteine (‚Quarks‘) zurückgeführt.

Sieht man von dem sehr speziellen Beispiel eines Kaonenzerfalls ab, scheinen Elementarteilchen durch die Zeitsymmetrie einer quantenfeldtheoretischen Parmenides-Welt bestimmt. Die Theorien, die wir über diese Welt bisher besitzen, sind jedoch keinesfalls perfekt. In relativistischen Quantenfeldtheorien, in denen die Quantentheorie mit Einsteins Spezieller Relativitätstheorie vereinigt wird, treten seit den ersten Entwürfen vor über 50 Jahren typische Singularitäten auf, von denen bis heute nicht klar ist, ob sie grundlegende Grenzen dieser Naturbeschreibungen bedeuten. Gemeint sind experimentell bestimmbare Größen wie z. B. Massen von Elementarteilchen und Kopplungskonstanten ihrer Wechselwirkungen, für die sich bei Berechnungen in Quantenfeldtheorien unendliche Werte ergeben. Zwar können diese Divergenzen durch Rechentechniken der sogenannten Renormierungstheorien ad hoc vermieden werden, ohne aber eine abschließende physikalische Erklärung zu liefern.

C. F. von Weizsäcker schlägt vor, diese Probleme der Quantenfeldtheorie durch eine fundamentale Logik der Zeit zu lösen, auf die eine einheitliche Physik aufzubauen ist.[9] Ausgehend von einfachen Postulaten über trennbare und empirisch entscheidbare Alternativen von zeitlich möglichen Ereignissen rekonstruiert er zunächst eine abstrakte für beliebige denkbare Objekte gültige Quantentheorie. Für den Übergang von der abstrakten Quantentheorie zur konkreten Quantentheorie real existierender Objekte (z. B. Elementarteilchen) und ihrer konkreten Dynamik nimmt die heutige Physik in der Regel zusätzliche besondere dynamische Gesetze an. Demgegenüber geht Weizsäcker von einer einzigen zusätzlichen Hypothese über Uralternativen aus (‚Urhypothese‘), aus der die Spezielle und Allgemeine Relativitätstheorie ebenso abzuleiten seien wie die Quantentheorie der Elementarteilchen. Uralternativen bezeichnen danach die binären Alternativen, aus denen die Zustandsräume der Quantentheorie aufgebaut werden können. Weizsäckers Urhypothese umfaßt dann das Postulat der Wechselwirkung und das Postulat der Ununterscheidbarkeit der Subobjekte (‚Ure‘), die einer Uralternative zugeordnet sind.

Die moderne Elementarteilchenphysik sucht das System der Elementarteilchen auf besondere Symmetriegruppen zu begründen. Weizsäcker zeigt zunächst, daß die Uralternativen eine Symmetriegruppe definieren, die der Transformationsgruppe der Speziellen Relativitätstheorie isomorph ist. Aus der um die Urhypothese erweiterten abstrakten Quantentheorie folgt dann die Existenz eines 3-dimensionalen reellen Ortsraums und die Geltung der Speziellen Relativitätstheorie. Die Ableitung konkreter Teilchen und Felder aus der Urhypothese ist allerdings bisher noch Programm. Ziel ist es dabei, die Divergenzen der Quantenfeldtheorien, die heute noch durch ad hoc angenommene Renormierungstechniken beseitigt werden müssen, durch direkte Ableitung aus der Urtheorie zu vermeiden. Die Eichsymmetrien der physikalischen Grundkräfte und ihrer Teilchen wären dann nach Weizsäcker ‚urentheoretisch' begründet. Ein offenes Problem für die Einheit der Physik ist ferner die quantentheoretische Rekonstruktion von Gravitationsfeldern der Allgemeinen Relativitätstheorie. Die Linearität und Nicht-Lokalität der Quantentheorie stoßen dabei auf die Nichtlinearität und Lokalität der Einsteinschen Gravitationsgleichungen.

Die Logik der Zeit begründet nach Weizsäcker nicht nur Teilchen, Felder und das relativistische Raum-Zeit-Kontinuum, sondern über den Begriff der Wahrscheinlichkeit und die statistische Mechanik auch den 2. Hauptsatz der Thermodynamik und die damit erfaßten irreversiblen Prozesse der Natur. Weizsäckers Erkenntnisprogramm erinnert an Kants Transzendentalphilosophie mit dem Anspruch der Einheit und Letztbegründung in einer Logik der Zeit als dem überdauernden Kerngedanken, ferner an eine platonische Naturphilosophie: Die Symmetrien der Natur sollen als Näherungen aus einer tiefer liegenden Urtheorie zeitlicher Uralternativen abgeleitet werden.

3. Zeit, Schwarze Löcher und Anthropisches Prinzip

Nach der erfolgreichen Vereinigung von elektromagnetischer und schwacher Wechselwirkung wurde die große Vereinigung von elektromagnetischer, schwacher und starker Wechselwirkung angestrebt, schließlich in einer letzten Stufe die ‚Supervereinigung' aller vier Kräfte einschließlich Gravitation. Es gibt heute verschiedene Vereinigungsprogramme z. B. der ‚Supergravitation' oder ‚Superstringtheorie'. Wegen der gigantischen Energiezustände, die bereits für die große Vereinigung notwendig sind, ist eine direkte Bestätigung dieser Symmetrien praktisch ausgeschlossen. Allerdings können Konsequenzen dieser Theorie (z. B. Protonenzerfall) überprüft werden. Mathematisch wird die Vereinigung der Naturkräfte durch Erweiterung zu immer reicheren Symmetriegruppen (‚Eichgruppen') beschrieben. Die Vielfalt der Elementarteilchen und atomaren Bausteine entsteht jeweils durch Symmetriebrechung.[10]

Der Zeitbeginn ist in den relativistischen Standardmodellen der Kosmologie (vgl. III. 3) eine Singularität, die nicht erklärt werden kann. In einer Vereinigungstheorie von relativistischer Gravitationstheorie und Quantenmechanik eröffnet die Heisenbergsche Unschärferelation eine Erklärungsmöglichkeit. Die Unschärferelation verbindet Zeit und Energie so, daß das Produkt der Meßstreuungen von Energie und Zeit nicht kleiner als das Plancksche Wirkungsquantum werden kann. Je kürzer das Zeitintervall bestimmt wird, um so größer wird die Meßstreuung der Energie. Für sehr kurze Zeitintervalle wird daher die Aufhebung der Energieerhaltung möglich. Solche zufälligen quantenmechanischen Fluktuationen könnten also die anfängliche Symmetriebrechung ausgelöst haben, die zu einer schnellen Expansion im Rahmen des inflationären Universums führte.

Damit werden auch die verschiedenen Versionen eines ‚anthropischen Prinzips' überflüssig, mit denen die Anfangsbedingungen des Universums quasi-teleologisch aus der Existenz menschlichen Lebens erschlossen werden.[11] Die Anfangsbedingungen waren, so argumentieren Anhänger dieses Prinzips, derart eingestellt, um die Evolution des Lebens (und eines menschlichen Beobachters) in einer bestimmten Zeitspanne zu ermöglichen. Demgegenüber erklärt die vereinigte Theorie der Quantengravitation die Anfangsbedingungen des Universums kausal aus ihren Gesetzmäßigkeiten (z. B. Unschärferelation).

Die Singularitätssätze von R. Penrose und S. W. Hawking sagen auch die Möglichkeit von sehr kleinen Gebieten des Universums voraus, in denen sich die Raum-Zeit extrem krümmen und daher die Gravitation unendlich groß werden kann. Die Existenz solcher Singularitäten z. B. in Gestalt von ‚Schwarzen Löchern' konnte noch nicht zweifelsfrei nachgewiesen werden, wenn auch mögliche Kandidaten wie z. B. die Röntgenquelle Cygnus X1 aufgefunden wurden. Jedenfalls haben solche Singularitäten den methodischen Nachteil, daß an Stellen mit unendlicher Krümmung die klassischen physikalischen Gesetze nicht anwendbar sind und daher keine Prognosen über das zeitliche Geschehen möglich ist.

Daher wurde von J. B. Hartle und S. W. Hawking ein singularitätsfreies Modell des Universums vorgeschlagen, in dem die Quantentheorie mit der Allgemeinen Relativitätstheorie vereinigt und die reelle durch eine imaginäre Zeitachse (im Sinne der reellen bzw. imaginären Zahlen) ersetzt wird.[12] Im Unterschied zur klassischen Theorie Einsteins bilden in Hawkings Vereinigungstheorie die drei Raumrichtungen zusammen mit der imaginären Zeit ein Modell des Universums, das ohne Grenzen und Ränder in sich geschlossen ist. Diese Raum-Zeit hätte nicht nur immer bestanden, sondern jedes physikalische Geschehen wäre gesetzmäßig erklärbar. Die historisch tradierten Vorstellungen, daß etwas irgendwie ‚anfangen' oder irgendwann ‚geschaffen' werden muß, sind dafür methodisch schlicht unangemessen und werden als menschliche Anschauungen entlarvt, die durch Adaption an die begrenzten Raum-Zeit-Ausschnitte unserer alltäglichen Erlebniswelt entstanden sind.

Hawkings Theorie ist aber nicht nur mathematisch konsistent, sondern wenigstens im Prinzip empirisch prüfbar, damit wissenschaftlich und nicht bloß spekulativ, wenn auch noch nicht empirisch bestätigt. Zu den prüfbaren Konsequenzen dieses singularitätsfreien Modells gehört die Voraussage von Schwarzen Löchern, in denen nicht alle Weltlinien von Photonen (d. h. also Lichtstrahlen) endgültig wie bei einer Singularität verschwinden, sondern (wenn auch winzig kleine) meßbare Strahlungsmengen abgegeben werden. Der Grund ist wieder wie bei der Erklärung der Anfangssingularität des Universums die Möglichkeit quantenmechanischer Fluktuationen aufgrund der Unschärferelation.

V. Zeit und Thermodynamik

Unser Alltag scheint durch eine grundlegende Asymmetrie bestimmt: Zukunft und Vergangenheit sind nicht vertauschbar, die Jugend kommt nicht wieder, die Toten werden nicht mehr lebendig. Die erlebte Zeit scheint eine Richtung auszuzeichnen und damit auf eine grundlegende Asymmetrie der Natur hinzuweisen. Seit den Anfängen von Philosophie und Religion beschäftigen sich die Menschen mit der Bedeutung dieses ‚Zeitpfeils‘, der ihr Schicksal zu bestimmen scheint. Seit Ende des 19. Jhs. ist dieses Problem im Rahmen der Thermodynamik auch mathematisch und physikalisch präzisierbar. Statistisch wird die Entropie als Maß der Unordnung z. B. der Gasmoleküle in einem isolierten Behälter gedeutet. In diesem Sinn sagt der 2. Hauptsatz die spontane Zunahme an Unordnung bzw. den Zerfall geordneter Systeme als hochgradig wahrscheinlich voraus. Wie ist aber dann die kosmische Evolution zu verstehen, die offenbar immer komplexere Ordnungssysteme aus einfacheren entwickelt?

1. Zeit in der Thermodynamik des Gleichgewichts

Unsere physikalischen Beobachtungen scheinen die Zeitpfeile in der Natur zu bestätigen. Ein mechanisches Uhrwerk, das zu Boden fällt, zerspringt in seine Einzelteile. Die zeitliche Umkehr dieses mechanischen Vorgangs, daß nämlich Schrauben, Federn und Zahnräder sich spontan zu einer laufenden Uhr zusammensetzen, wurde bisher nicht beobachtet. Auch die beobachteten Beispiele der Elektrodynamik scheinen zeitliche Umkehr auszuschließen. So strahlen Sterne und Radiostationen zwar kugelförmige elektromagnetische Wellen aus. Die Umkehr jedoch, daß sie Strahlung von allen Seiten aus den Weiten des Universums konzentrisch auffangen, wurde bisher nicht beobachtet.

Auch das Verhalten der Wärme zeichnet im Sinne der Thermodynamik eine Zeitrichtung aus. Nach dem 2. Hauptsatz verteilt sich Wärme in einem isolierten System (ohne Stoff- und Energieaustausch mit seiner Umgebung) immer so, daß eine bestimmte Zustandsgröße („Entropie") niemals abnimmt, sondern zunimmt oder konstant bleibt. Die Entropie wird als Maß der Unordnung im System interpretiert. Ein wohlgeordneter Zustand hat eine niedrigere Entropie als ein chaotischer. Eine Kanne mit warmem Kaffee kühlt spontan auf die sie umgebende Zimmertemperatur ab, die sich ihrerseits leicht erwärmt. Der umgekehrte Vorgang einer spontanen Mehrerwärmung gegenüber der Zimmertemperatur wurde bisher noch nicht beobachtet. Wärme fließt so lange, bis sie überall gleich verteilt ist und kein Temperaturgefälle im System mehr existiert. Erst im Endzustand des thermischen Gleichgewichts ist der Zeitgipfel erreicht.

Es ist bemerkenswert, daß der Zeitpfeil, der offenbar unserer täglichen Anschauung so vertraut ist, physikalisch sehr schwer verständlich war und historisch relativ spät untersucht wurde, während die Zeitumkehr der Bewegungsgesetze, die bereits die Newtonsche Mechanik auszeichnet, auf unsere Alltagserfahrung eher verblüffend wirkt. So ist das 1. Newtonsche Gesetz (Trägheitsgesetz) in dem Sinn reversibel, als für die Gleichung einer kräftefreien Bewegung zu jeder Lösung zum Zeitpunkt t auch eine Lösung zum Zeitpunkt -t existiert. Die Zeitumkehr kommt durch einen Vorzeichenwechsel der Bewegungsrichtung zum Ausdruck. Die Reversibilität einer Bewegung beschränkt sich also darauf, daß die Folge ihrer Orte in umgekehrter Reihenfolge durchlaufen wird.

Ein einfaches Beispiel ist das Huygensche Pendelgesetz. Nach dem Erhaltungssatz der Energie würde ein Pendel zeitlich unbegrenzt auf- und abschwingen und potentielle Energie in Bewegungsenergie umwandeln und umgekehrt. Der Bewegungsvorgang ist also immer umkehrbar („reversibel"). Wir können dann die Stellung des Pendels sowohl in der Zukunft als auch in der Vergangenheit berechnen. In diesem Sinn wird also keine Zeitrichtung ausgezeichnet. Man sagt daher, daß Zeitsymmetrie vorliegt. Tatsächlich aber verliert das Pendel mit der Zeit Bewegungsenergie, die sich aufgrund von Reibung in nicht rückführbare Wärme verwandelt, so daß schließlich das Pendel irgendwann zum Stillstand kommt.

Solche Nebenbedingungen können auf irreversible thermische Vorgänge zurückgehen, wie sie oben erwähnt wurden. So wird z. B. der Abkühlungsvorgang unserer Kaffeekanne auf Zimmertemperatur durch eine Wärmegleichung bestimmt, die bei Zeitumkehr t → -t die positive durch eine negative Wärmeleitungskonstante vertauscht. Die Zeitsymmetrie der Dynamik wird also hier gebrochen.

In den sechziger Jahren des 19. Jahrhunderts hatte Rudolf Clausius einen ‚Verwandlungswert' der Wärme eingeführt, dessen spontane Zunahme in isolierten Systemen irreversible Prozesse charakterisieren sollte.[1] Analog zum griechischen Wort energeia für ‚Energie' prägte Clausius das Kunstwort ‚Entropie' aus dem griechischen Wort tropos (‚Wendung'). Die Veränderungen der Entropie S eines offenen physikalischen Systems und seiner Umgebung im Zeitpunkt dt entsprechen der Summe $dS = d_eS + d_iS$, wobei d_eS die Entropieänderung im Austausch *(exchange)* mit der Umgebung und d_iS die Entropieänderung innerhalb des Systems selbst bezeichnet. Der 2. Hauptsatz der Thermodynamik fordert dann $d_iS \geq 0$ für isolierte Systeme mit $d_eS = 0$.

Für isolierte Systeme folgt, daß die Entropie zunimmt oder konstant bleibt, wenn das thermodynamische Gleichgewicht erreicht ist. Im Gleichgewichtsfall gilt $d_iS = 0$. Die Thermodynamik war zunächst eine phänomenologische Theorie, mit der Wärmeverteilungen an makroskopischen Körpern beschrieben wurden.

Ludwig Boltzmann schlug eine statistisch-mechanistische Erklärung vor, indem er die Makrozustände eines Körpers wie z. B. Wärme auf die Stoßmechanik von Molekülen zurückzuführen versuchte.[2] So verfolgte er im einzelnen die Stöße von Gasmolekülen und ihren Einfluß auf die statistische Verteilungsfunktion der Moleküle von Ort und Geschwindigkeit. 1872 betrachtete er die Größe H für die Verteilung der Moleküle im Geschwindigkeitsraum. Es ist der Durchschnitt des Logarithmus der Verteilungsfunktion, den man durch Integration über die Geschwindigkeiten erhält. Diese Größe nannte er zunächst E, daraus wurde das griechische H für Eta, schließlich die heutige Bezeichnung H. Boltzmann konnte zeigen: Für die (Maxwellsche) Verteilung der Moleküle wird die Größe H durch die Stöße der Moleküle nicht verändert. Sonst nimmt H ab (z. B. bei Diffusion, Reibung und Wärmeleitung).

In diesem Sinn ist die Größe -H der Entropie S analog. Boltzmanns statistisch-mechanischer Ansatz bestand also darin, das makroskopische Geschehen durch mikroskopische Vorgänge mit sehr vielen Teilchen und sehr vielen Freiheitsgraden zu erklären.

Als Beispiel eines makroskopischen Vorgangs betrachten wir einen ungleichmäßig mit Gas gefüllten Behälter, in dem sich sehr schnell ein Zustand konstanter Dichte einstellt. Eine makroskopisch ungleiche Verteilung geht mit großer Wahrscheinlichkeit in eine makroskopische Gleichverteilung über, während die Umkehrung extrem unwahrscheinlich ist. Das läßt sich an einem einfachen Beispiel demonstrieren. Dazu untersuchen wir die Verteilungsmöglichkeiten von $N = N_1 + N_2$ unabhängigen Partikeln auf zwei gleiche Kästen mit N_1 Partikeln im linken und N_2 Partikeln im rechten Kasten. Bei 10 Partikeln wird die Verteilung (10,0) durch einen Fall, die Verteilung (9,1) durch 10 Fälle, die Verteilung (8,2) durch 45 Fälle etc. realisiert. Die Gleichgewichtsverteilung (5,5) hat die meisten Realisierungsmöglichkeiten (,Maximum'). In diesem Beispiel beträgt die Zahl W der Verteilungsfälle $W = N!/N_1! \cdot N_2!$, wobei $N!$ (,N Fakultät') für $N = 0$ durch $0! = 1$ und für $N = 1, 2, \ldots$ durch $N! = 1 \cdot 2 \cdot \ldots \cdot N$ definiert ist.

Allgemein erklärt die statistische Mechanik einen Makrozustand wie z. B. ortsabhängige Dichte, Druck, Temperatur durch Mikrozustände. Man sagt daher, daß ein beobachtbarer Makrozustand durch eine große Anzahl W von Mikrozuständen verwirklicht wird. Zur Definition der Zahl W betrachtet man eine große Zahl von unabhängigen gleichartigen Mechanismen, wie z. B. Atome, Moleküle, Flüssigkeitskörper, Kristalle etc. Sie durchlaufen ihre Mikrozustände aufgrund von Bewegungsgleichungen mit jeweils unterschiedlichen Anfangsphasen. Wenn ein Makrozustand durch W solcher Mikrozustände verwirklicht wird, so wird die Entropie des Makrozustands durch $S = k \ln W$ mit der Boltzmannschen Konstante k bestimmt. Damit ist die Entropie eines Systems nach Boltzmann ein Maß für die Wahrscheinlichkeit, nach der sich Moleküle so gruppieren, daß das System den beobachtbaren Makrozustand einnimmt.

Grundlegend war der ‚Umkehreinwand' von Lord Kelvin und J. Loschmidt (1875), der unmittelbar das Problem der Zeitsymmetrie betraf. Wie kann Boltzmanns H-Theorem, das irreversible Vorgänge einschließt, aus den Prinzipien der Mechanik, d. h. aus den mechanischen Bewegungsgleichungen mikroskopischer Partikel abgeleitet werden, die doch invariant gegenüber Zeitumkehr sind? Boltzmann erwiderte darauf, daß der 2. Hauptsatz nicht allein aus der Mechanik, sondern der zusätzlichen Annahme einer extrem unwahrscheinlichen Anfangsbedingung folgt. Ungleiche Verteilungen gehen danach in Gleichverteilungen über. Allerdings gehen viel mehr gleiche Verteilungen in dieselben Verteilungen über. In den meisten Fällen verändert eine zeitliche Umkehr der mikroskopischen Bewegungen eine Gleichverteilung nicht. Der 2. Hauptsatz gilt also mit sehr großer Wahrscheinlichkeit und nicht mit Sicherheit. Irreversible Vorgänge sind danach nur häufige oder wahrscheinliche, ihre Umkehrungen seltene und unwahrscheinliche Vorgänge.

Der 2. Hauptsatz läßt also lokal Abweichungen bzw. Schwankungen (‚Fluktuationen') zu, deren experimentelle Bestätigung allerdings Boltzmann nicht mehr bewußt erlebte. 1905 zeigte Albert Einstein, daß Fluktuationen in der Natur vorkommen, die auf lokalen Durchbrechungen des Wahrscheinlichkeitstrends des 2. Hauptsatzes beruhen.[3] Es handelte sich um die den Botanikern schon lange bekannte Brownsche Bewegung. Mikroskopische, in einer Flüssigkeit aufgeschwemmte Teilchen zeigen nämlich, daß sie zufällig einmal von einer Seite, dann von einer anderen Seite von Atomen stärker angestoßen werden – eine regellose Zitterbewegung, obwohl am wahrscheinlichsten ist, daß die Stöße einander voll kompensieren.

Der ‚Wiederkehreinwand' von H. Poincaré und E. Zermelo (1896) betonte, daß jeder Zustand eines mechanischen Systems mit endlichen vielen Freiheitsgraden nach einer bestimmten Zeit (annähernd) wiederkehren muß.[4] Somit treten sämtliche

Zustände wenigstens annähernd wieder ein. Folglich könnte es einen Zeitpfeil, der mit der Entropiezunahme verbunden ist, nicht geben. Boltzmann wendete dagegen ein, daß mit zunehmender Zahl der Freiheitsgrade die Wiederkehrzeiten extrem lang werden.

Insgesamt kann man nach Boltzmann zu dem Ergebnis, daß die Gesetze der Mechanik zeitlich reversibel, das wirkliche Geschehen aber irreversibel ist, zwei mögliche Standpunkte einnehmen: 1) Die Welt ist aus einem sehr unwahrscheinlichen Anfangszustand hervorgegangen. 2) Wenn die Welt nur groß genug ist, so gibt es irgendwo starke Abweichungen von der Gleichverteilung. Bei der Erzeugung und Auflösung solcher starken Abweichungen ist der Prozeßverlauf einsinnig und wird als Zeitpfeil empfunden.

Die Boltzmannsche Fluktuationshypothese geht davon aus, daß sich das gesamte Universum in thermischem Gleichgewicht, also maximaler Unordnung befindet. In einem solchen Universum werden lokal Fluktuationen der Entropie angenommen, also raumzeitliche Gebiete, in denen eine Ordnung besteht. Nach Boltzmann werden die beiden Zeitrichtungen im Universum als vollkommen symmetrisch angenommen. Nach dieser Annahme wird die Entropiekurve nach beiden Zeitrichtungen in ähnlicher Weise ansteigen und sich zur maximalen Entropie hin abflachen. Da die Entropiekurve nach beiden Zeitrichtungen vom Entropieminimum zunimmt, wäre die Wahrscheinlichkeit ebenso groß, daß wir in der Phase abnehmender oder zunehmender Entropie lebten. Die Richtigkeit des H-Theorems wäre dann aber bloß ein Zufall. Boltzmann verteidigt sich damit, daß es gar keine objektiv ausgezeichnete Zeitrichtung gibt, sondern daß sie in der jeweiligen Einzelwelt nur so empfunden wird. Die Menschen würden die Zeit in jedem der beiden Zweige „in der Richtung zunehmender Entropie messen". Eine Klärung (wenn auch nicht Lösung aller Probleme) brachten die Arbeiten von T. und W. Ehrenfest, die an einfachen und genau durchschaubaren Modellen (,Urnenmodell') die Irreversibilität des komplexen, häufig im einzelnen nicht durchschaubaren wirklichen Geschehens simulierten.[5]

Die (kleinen) Abweichungen der thermodynamischen Variablen von ihren Gleichgewichtswerten lassen sich, wie J. Meixner gezeigt hat, durch quadratische Abhängigkeiten darstellen.[6] Das ist charakteristisch für Entropieänderungen, die damit die Symmetrie des Systems in bezug auf den jeweiligen Gleichgewichtspunkt zum Ausdruck bringen. Da alle möglichen Abweichungen der Entropie vom Gleichgewichtswert negatives Vorzeichen haben, kann die Entropie bei Wiedereinstellung des Gleichgewichts unabhängig von der Richtung nur zunehmen. Nun wird anschaulich, warum in der Nähe des Gleichgewichts Vergangenheit und Zukunft nicht mehr aus dem Verhalten der Entropie zu unterscheiden sind.

Aus der Tatsache, daß wir Menschen ein Zeitbewußtsein haben, wurde daher in der Nachfolge von Boltzmann geschlossen, daß der Bereich des Universums, in dem wir leben, noch weit vom Gleichgewicht entfernt ist. Die geeignete physikalische Grundlage einer Theorie des Lebens wäre dann eine Thermodynamik des Nicht-Gleichgewichts. Obwohl dieser Teil der Thermodynamik im 19. Jahrhundert kaum entwickelt war, so hatte Boltzmann doch geniale kosmologische Visionen über die Verbindung von Thermodynamik und Biologie, die den Zusammenhang von Asymmetrie der Zeit und der Evolution des Lebens zum ersten Mal formuliert.

2. Zeit in der Thermodynamik des Nicht-Gleichgewichts

Ein System ist im thermodynamischen Gleichgewicht mit seiner Umgebung, wenn makroskopische und kollektive Eigenschaften wie z.B. Druck und Temperatur, die das System als Ganzes beschreiben, völlig mit der Umgebung übereinstimmen. Als Beispiel betrachten wir eine Schicht Flüssigkeit zwischen zwei horizontalen und parallelen Platten. Die Flüssigkeit strebt sich selbst überlassen in das thermodynamische Gleichgewicht, d.h. einen homogenen Zustand, in dem statistisch die Moleküle bzw. Flüssigkeitsteilchen nicht unterscheidbar sind. Es ist ein Systemzustand vollkommener Symmetrie, in dem keine makroskopischen Veränderungen stattfinden und keine

Temperaturunterschiede zur Außenwelt bestehen, d.h. für Temperatur T_1 der oberen und Temperatur T_2 der unteren Platte gilt $\Delta T = T_2 - T_1 = 0$.

Eine Störung liegt dann vor, wenn die untere Platte erwärmt wird, so daß $\Delta T > 0$. Bei geringen Temperaturunterschieden kehrt das System selbständig zum Gleichgewichtszustand zurück. Wird ΔT aber weiter erhöht und vom Gleichgewichtszustand weggetrieben, treten plötzlich neue makroskopische Formen in der Flüssigkeit auf, d.h. sie organisiert sich in kleinen regelmäßigen Zellen, in denen Flüssigkeitsschichten rotieren (,Bénard-Konvektion'). Ursache ist eine auf- und absteigende Strömung, die durch verschiedene Dichten der Teilchen in der Nähe der unterschiedlich erwärmten Platten eingeleitet wird. Dabei findet insofern eine echte Symmetriebrechung statt, als sich die Flüssigkeit in den Konvektionszellen abwechselnd nach links oder rechts dreht und damit jeweils eine Richtung auszeichnet.

Solche Nichtgleichgewichtzustände treten in der Natur massiv auf. Ein Beispiel ist die Biosphäre, die einem Energiefluß ausgesetzt ist, der durch den Strahlungsausgleich zwischen Sonne und Erde zustande kommt. Komplexe Systeme fernab des thermischen Gleichgewichts bilden spontan neue Formen und Eigenschaften. Sie besitzen also die Fähigkeit zur Emergenz. Um die zeitliche Entwicklung von komplexen Systemen jenseits von Schwellenwerten geometrisch zu veranschaulichen, werden Bifurkationsdiagramme verwendet, bei denen die Zustandsvariable z des Systems in Abhängigkeit zum Kontrollparameter λ betrachtet wird (Fig. 4). Für das Beispiel der Bénard-Konvektion liegt bei kleinen Werten von λ (d.h. geringe Temperaturdifferenz der oberen und unteren Platte) das thermodynamische Gleichgewicht vor, das in asymptotischer Stabilität interne Fluktuationen selber dämpft. Überschreitet λ einen kritischen Schwellenwert λ_k, wird dieser Zweig der Zustände instabil. Das System vermag die eigenen Schwingungen nicht mehr zu dämpfen und schlägt im Fall des Bénard-Experiments in eine der beiden möglichen Entwicklungszweige um, in denen sich links- oder rechtsdrehende Bénard-Zellen organisieren. Die Abzweigungen (Bifurkationen) neuer Lösungszweige sind die geometrischer Veranschaulichung von Symmetriebrüchen, die für komplexe dynamische Systeme charakteristisch sind.[8]

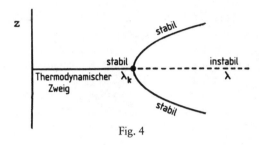

Fig. 4

Die zeitliche Dynamik der Zustände eines komplexen Systems wird durch eine nichtlineare Differential- bzw. Differenzgleichung in Abhängigkeit von Kontrollparametern beschrieben. Nichtlinearität bezieht sich dabei auf die Form der Gleichung wie Potenzfunktion, trigonometrische Funktion etc. Eine nichtlineare Zeitdynamik kann zu neuen Ordnungsstrukuren wie im Beispiel der Bénard-Konvektion, aber auch zu Chaos führen. Als einfaches Beispiel sei die logistische Funktion erwähnt, mit der das Wachstum von Tierpopulationen, die epidemische Verbreitung von Krankheiten u. ä. modelliert wurden. Um die Werte für aufeinanderfolgende Zeitabschnitte (z. B. Tage) zu berechnen, wird die Wachstumsrate mit einem Index t versehen und daraus die nachfolgende Wachstumsrate für den nachfolgenden Zeitabschnitt t + 1 errechnet.

Allgemein besagen solche Rekursionsformeln nichts anderes, als daß die neuen Werte nach der vorgegebenen Funktionsvorschrift aus den vorher berechneten Werten erneut berechnet werden. Sie stellen also eine Rückkopplung des dynamischen Systems dar. Bei Veränderung des Kontrollparameters wird die zeitliche Entwicklung wieder durch ein Bifurkationsdiagramm mit typischen Symmetriebrechungen der Gleichgewichtssituationen dargestellt. Bei entsprechender Raffung der zeitlichen Entwicklungsschritte zeigt sich, daß sich die Entwicklungskurve bei einem k-Wert k_1 in 2 Äste spaltet (,Bifurkation'), bei k_2 in 4 Äste, bei k_3 in 8 Äste etc., allgemein 2^n Äste bei k_n. Man spricht dann von einer periodenverdoppelnden Bifurkationskaskade. Bis zum kritischen Wert k_c, dem Grenzwert der Folge $k_1, k_2, \ldots$, läßt sich die Entwicklung dieses Baumes und damit des entsprechenden dynamischen Systems noch vorhersagen. Aber ab k_c löst sich der Bifurkationsbaum in ein dichtes graues Punktmuster auf. Obwohl jeder Punkt auch weiterhin durch die logistische Gleichung eindeutig determiniert ist, hört die Vorhersage auf: Es herrscht Chaos.[9]

Nichtlineare Systeme können dissipativ und konservativ sein. Dissipativ heißen solche dynamische Systeme, die Materie, Energie oder menschliche Arbeit verbrauchen und als Wärme an ihre Umwelt abgeben. Insbesondere Lebewesen sind also offene „dissipative" Systeme, die im Stoff- und Energieaustausch mit ihrer Umwelt neue Formen und Strukturen ausbilden. Die komplexe Wechselwirkung ihrer Systemteile führt zu synergetischen Effekten, die in Selbstorganisationsprozessen (,Phasenübergängen') Formen und Gestalten, aber auch Chaos als Attraktoren anstreben.

Dynamische Systeme heißen konservativ, wenn sie gegenüber ihrer Umwelt abgeschlossen sind. Sie umfassen praktisch alle (idealisierten) Systeme ohne Reibungsverluste in der klassischen Mechanik. Dort tritt nur ein Austausch von Energien in abgeschlossenen Systemen auf. Das Wechselspiel von kinetischer und potentieller Energie eines idealen Pendels oder einer idealen Planetenbewegung ohne Reibung ist ein typisches Beispiel. Leibniz, Newton und Einstein stimmten darin überein, daß in solchen Systemen Ursachen und Wirkungen nicht nur eindeutig miteinander verknüpft, sondern prinzipiell mit beliebiger Genauigkeit berechenbar seien. Der Glaube des deterministischen Weltbildes bestand darin, daß mit Hilfe mechanischer Bewegungsgleichungen einerseits und hinreichender Information über das betreffende System andererseits die Zukunft beliebig lange und exakt vorhersagbar sei.

Heute wissen wir, daß diese Annahme selbst in der klassischen Mechanik keine universelle Geltung hat. Ein einfaches

Wechselwirkungsschema, in dem mehr als zwei Körper aufeinander einwirken, kann nämlich eine starke Abhängigkeit der Bahnen von den Anfangsbedingungen erzeugen. Eine winzige Abweichung, z.B. beim Stoß einer Billardkugel, eine sehr kleine Störung von Planetenbahnen durch einen Kometen, von der man vermutete, sie sei zunächst vernachlässigbar, kann sich chaotisch aufschaukeln und Imponderabilien ins Spiel bringen, die nicht mehr berechenbar sind. H. Poincaré stieß Ende des letzten Jahrhunderts bereits auf das chaotische Verhalten deterministischer Gesetze in der Astronomie. Mathematisch zeigt Poincaré, daß das Drei-Körper-Problem der Astronomie nicht integrierbar ist und zu völlig chaotischen Bahnen führen kann.

Zweifel über die prinzipielle Berechenbarkeit von bisher deterministisch vorausbestimmbaren Zeitentwicklungen traten auf. Aber erst die Rechenkapazitäten moderner Großcomputer haben diese Grenzen massiv verdeutlicht. Das deterministische Weltbild mit seiner totalen Berechenbarkeit und Machbarkeit erweist sich als Illusion. Die Wirklichkeit scheinen vielmehr komplexe Strukturen zu prägen, die durch Synergieeffekte und Selbstorganisationsprozesse bestimmt sind, um sich entweder zu stabilisieren oder plötzlich zu zerfließen.

Solche sich stabilisierenden Strukturen sind die sog. ‚Attraktoren', denen die Zustände eines komplexen Systems unter bestimmten Nebenbedingungen zustreben. Im Bifurkationsdiagramm der nichtlinearen Zeitentwicklung der logistischen Funktion ist zunächst ein Punktattraktor, in dem sich das System stabilisiert, schließlich bei größerem Kontrollparameter sind es andere Zustände, zwischen denen das System periodisch oszilliert, schließlich ist es ein chaotischer Zustandsraum, den alle Entwicklungszweige als Attraktor anstreben.

Über 60 Jahre nach Poincaré bewiesen A. N. Kolmogorov (1954), V. I. Arnold (1963) und J. Moser (1967) allgemein das sog. KAM-Theorem, wonach Bewegung im Phasenraum der klassischen Mechanik weder vollständig regulär noch vollständig irregulär ist, aber die Bahntrajektorie empfindlich von den gewählten Anfangsbedingungen abhängig ist.[10] Stabile reguläre klassische Bewegung ist die Ausnahme gegenüber der Fiktion des Laplaceschen Geistes.

Ein anschauliches Beispiel für ein dissipatives chaotisches System liefern die nichtlinearen Differentialgleichungen der Meteorologen, nach denen geringste lokale Veränderungen, ein kleiner nicht beachteter Wirbel auf der Wetterkarte, ein trudelndes Blatt, der Flügelschlag eines Schmetterlings globale chaotische Veränderungen der Großwetterlage auslösen können. Jedermann weiß um die Verläßlichkeit des Wetterberichts. In der mathematischen Chaostheorie spricht man deshalb nach E. N. Lorenz vom ‚Schmetterlingseffekt‘. Die prinzipielle Eindeutigkeit von mathematischen Gleichungslösungen garantiert also keine beliebig lange Prognostizierbarkeit und beliebig genaue Berechenbarkeit. Es sind gerade die hohen Rechenkapazitäten heutiger Computer, mit denen diese Grenzen zeitlicher Vorausberechenbarkeit deutlich wurden.

3. Zeit, Irreversibilität und Selbstorganisation

Nichtlineare Zeitentwicklung dynamischer Systeme kann nicht nur zu Chaos, sondern auch zur Selbstorganisation neuer Ordnungsstrukturen führen. Danach sind viele Phänomene, wie z. B. Selbstorganisation, Metabolismus, Spontaneität, Emergenz, neue Eigenschaften, Gestalt usw., die historisch als irreduzible Eigenschaften lebender Organismen angeführt wurden, bereits auf physikalischer und chemischer Ebene nachweisbar und erklärbar. Fern des thermischen Gleichgewichts entstehen neue Ordnungszustände dadurch, daß bestimmte äußere Kontrollparameter (Temperatur, Energiezufuhr) verändert werden, bis der alte Zustand instabil wird und in einen neuen Zustand umschlägt. Diese Phasenübergänge lassen sich also als Symmetriebrechungen von Gleichgewichtszuständen verstehen. Bei kritischen Werten entstehen spontan makroskopische Ordnungsstrukturen, die sich durch kollektive (synergetische) Kooperation mikroskopischer Systemteilchen durchsetzen. Die Entstehung von Ordnung (Emergenz) ist also keineswegs unwahrscheinlich und zufällig, sondern findet unter bestimmten Nebenbedingungen gesetzmäßig statt.

Als Beispiel betrachte man die Strömungsmuster in einem Fluß hinter einem Hindernis (z. B. Brückenpfeiler) in Abhängigkeit von der Strömungsgeschwindigkeit. Zunächst besitzt der Fluß ein homogenes Strömungsbild hinter dem Hindernis. Er strebt einem homogenen Gleichgewichtszustand als Fixpunkt zu. Bei Erhöhung der Strömungsgeschwindigkeit kommt es zur Wirbelbildung. Physikalisch treten zunächst periodische Bifurkationsbildungen auf, dann quasi-periodische Wirbelbildungen, die schließlich in ein chaotisches und fraktales Wirbelbild übergehen. Auf der Mikroebene haben Wechselwirkungen der Flüssigkeitsmoleküle in Abhängigkeit vom Kontrollparameter der Strömungsgeschwindigkeit zu neuen makroskopischen Strömungsbildern geführt.

Ein berühmtes Beispiel für einen solchen Phasenübergang ist das Laserlicht, das spontan durch Koordinierung zunächst ungeordneter Photonen entsteht, wenn die äußere Energiezufuhr des Lasersystems einen bestimmten hohen kritischen Wert erreicht hat.[11] In der Metereologie läßt sich das spontane Entstehen von Wolkenmustern als Phasenübergang beschreiben, der bei bestimmten kritischen Temperaturwerten und Umweltbedingungen eintritt. Aus der Chemie sind Musterbildungen von Flüssigkeiten (dissipative Strukturen) bekannt, die durch Zufuhr energiereicher Substanzen zu dem jeweiligen Gemisch entstehen und als periodische Pulsationen (chemische Uhr) aufrechterhalten werden können. In diesen Fällen sind Kooperationseffekte von unzähligen Molekülen für den Phasenübergang neuer Ordnungszustände verantwortlich.

In der Zhabotinsky-Reaktion bilden sich spontan Ringwellen an der Oberfläche des chemischen Gemischs. Sie brechen in Spiralwellen auf, die allmählich alle Ringwellen verdrängen. Nach dem Superpositionsprinzip müßten sich solche Ringwellen ungestört durchdringen. Die Nichtlinearität komplexer Systemdynamik bzw. die Einschränkung des Superpositionsprinzips wird hier unmittelbar anschaulich.

In der Kosmologie erläutern Chaos und Selbstorganisationstheorie, wie sich kleine Schwankungen in der Materieverteilung im Laufe der Zeit immer mehr verstärken, so daß anfänglich gleichförmige kosmische Gaswolken aufbrechen, sich galaktische Inseln bilden und schließlich die Milliarden von einzelnen Sternen entstehen. Der kosmische Anfang war durch ein hohes Maß an Symmetrie und Ordnung und damit geringer Entropie ausgezeichnet. Der 2. Hauptsatz sagt bei kosmologischer Verallgemeinerung für das Universum eine Zunahme an Entropie voraus, die schließlich im Wärmetod größtmöglicher Unordnung endet. Diese Vorstellung ist mit den relativistischen Standardmodellen verträglich, die eine unbegrenzte Ausdehnung voraussagen (vgl. Kapitel III. 3). Nach dem sphärischen Modell übersteigt aber die Gravitation zu einem bestimmten Zeitpunkt die Expansionskraft und läßt die Entwicklung des Universums wieder rückwärts auf die Endsingularität des kosmischen Kollaps zulaufen. Tatsächlich laufen aber nicht alle Prozesse von diesem Schwellenwert an rückwärts. Die Entropie nimmt vielmehr auch bei der Entwicklung auf den kosmischen Kollaps hin weiter zu, so daß der 2. Hauptsatz weiterhin gültig bleibt. Die Zeit ist offenbar nicht mit der Entropieentwicklung identisch. Die Anfangs- und Endsingularität dieses Modells sind also keinesfalls symmetrisch. Dann stellt sich aber die Frage, wie die zeitliche Asymmetrie und Irreversibilität der kosmischen Evolution mit ständig wachsenden Unregelmäßigkeiten wie z. B. Schwarze Löcher von einer Anfangssingularität mit geringer Entropie zu einer Endsingularität mit hoher Entropie zu erklären sei.

Im Rahmen einer vereinigten Theorie der Quantengravitation sollten irreversible nichtlineare Entwicklungsprozesse ableitbar sein. Für Penrose hängt der Übergang von reversiblen, linearen und nicht-lokalen Zuständen der Quantenwelt zu irreversiblen, nichtlinearen und lokalen Zuständen der Makrowelt mit einer signifikanten Krümmung der kosmischen Raum-Zeit bzw. Gravitationswirkung zusammen. Erst für makroskopische Systeme einer bestimmten Größe wird Gravitation wirksam.

Um die zeitlich asymmetrische Entwicklung von Zuständen

dynamischer Systeme im Rahmen der Thermodynamik zu erfassen, hat Prigogine die reversible ‚äußere' Zeit eines Systems von seiner irreversiblen ‚inneren' Zeit bzw. seinem ‚Alter' unterschieden. Während die ‚äußere Zeit' der übliche reelle Zeitparameter t bzw. die Uhrzeit ist, wird die ‚innere' Zeit als Operator definiert, der die irreversible Veränderung der Systemzustände berücksichtigt.[12] Die äußere Zeit als reeller Parameter tritt nur als Index einer einzelnen Trajektorie (in der klassischen Mechanik) oder einer Wellenfunktion (in der Quantenmechanik) auf. Die innere Zeit als Zeitoperator erlaubt Aussagen über die zeitliche Entwicklung von komplexen Bündeln von Trajektorien oder Verteilungsfunktionen, die mathematisch als Eigenfunktionen des Zeitoperators fungieren. Der Zusammenhang mit der äußeren Zeit beruht darauf, daß die Eigenwerte des Zeitoperators reelle Zeitwerte sind, die auf einer üblichen Uhr abgelesen werden können. Die Verteilungen entsprechen anschaulich den verschiedenen inneren ‚Altersstufen' eines komplexen Systems. So werden in einem komplexen System wie z. B. dem menschlichen Organismus oder einer Maschine einzelne Organe bzw. Teile unterschiedlich ‚altern' und ‚verschleißen'. Der Zeitoperator ordnet jedem Zustand des Systems ein ‚mittleres Alter' zu, das im gleichen Maße wächst wie die verstreichende äußere Uhrzeit.

Philosophiehistorisch ist an Aristoteles zu erinnern, der Zeit als ‚Bewegung' (kinesis) und Zeit als ‚Entstehung und Verfall' (metabole) unterschied. Prigogine bringt diese Unterscheidung mit der reversiblen Zeitauffassung der Mechanik und der irreversiblen Zeitauffassung der Thermodynamik in Zusammenhang. Die irreversiblen Prozesse nach dem 2. Hauptsatz der Thermodynamik werden durch eine innere Symmetriebrechung (aufgrund des Zeitoperators) erklärt, bei der die Zeitumkehrsymmetrie verletzt wird. Eine bemerkenswerte Eigenschaft von Prigogines Zeitoperator besteht darin, daß der Übergang von der Vergangenheit zur Zukunft durch ein Intervall getrennt ist, das durch eine charakteristische Zeit gemessen werden kann. Traditionell wird die Gegenwart als Punkt auf der Zeitgerade dargestellt, in dem Vergangenheit und Zukunft unendlich nahekommen. Prigogine spricht daher von einer ‚Dauer' der Gegenwart, die er philosophiehistorisch mit Bergsons Begriff der Dauer vergleicht (vgl. VII. 2). Allerdings ist der Zeitoperator eine mathematisch definierte Systemgröße, die nicht mit einem subjektiven Zeiterlebnis verwechselt werden darf.

VI. Zeit und Leben

Der Zeitbegriff der Thermodynamik erhält bei der Diskussion von Lebensprozessen unmittelbar Anwendung. In Darwins und Spencers Evolutionstheorie wird Wachstum und Leben erstmals mit der Entwicklung von Komplexität verbunden. Die Evolution des Lebens erweist sich als irreversible Zeitentwicklung komplexer dissipativer Systeme, die im Rahmen der Thermodynamik des Nichtgleichgewichts als Symmetriebrechung verstanden werden kann. Hier liegt die Wurzel für den Zeitpfeil des Lebens. Allerdings sind dabei viele biologische Zeitrhythmen zu unterscheiden, die sich im Lauf der Evolution in komplexen Zeithierarchien überlagerten. Dazu gehören die Zeitrhythmen sowohl in komplexen Ökosystemen als auch in einzelnen Organismen.

1. Zeit in Darwins Evolutionstheorie

Historisch wurden Zeit und Leben immer schon in engem Zusammenhang gesehen. Wie bereits erwähnt, wurde in der aristotelischen Tradition zwischen Zeit als Bewegung und Zeit als Entstehen und Verfall unterschieden. In der Biologie wurde wohl erstmals 1744 bei A. v. Haller und dann bis ins 19. Jahrhundert das Wort ‚Evolution' überwiegend in der sogenannten Präformationstheorie verwendet. In dieser Theorie ging man davon aus, daß die Strukturen des vollendeten Organismus im Ei bzw. im Sperma schon vorlägen und in allen weiteren Entwicklungsphasen sich lediglich entfalteten. Diese Art der Evolutions- bzw. Entfaltungstheorie, die keine Neuschöpfung nach dem Schöpfungsakt erforderte und sich daher mit der traditionell wörtlichen Auslegung des Schöpfungsberichts der Bibel am ehesten vereinbaren ließ, konkurrierte mit der sogenannten epigenetischen Theorie, nach der die Hervorbringung komplexerer Strukturen nicht von vornherein angelegt ist, sondern durch eine Art ‚creatio ex nihilo' ermöglicht wird.

Diese Kontroverse über die Embryonalentwicklung bestand noch zu der Zeit, als Darwin sein Jahrhundertwerk *On the Origin of Species by Means of Natural Selection* (1859) veröffentlichte. Um mißverständliche Analogien zur Embryologie zu vermeiden, wird das Wort ‚Evolution' in seinem Buch vermieden. Darwin versuchte, die Entstehung neuer Arten aus alten zu erklären. Diese Bedeutung von ‚Evolution' verwendete C. Lyell 1832 erstmals in der Fossilienkunde. Zur Verallgemeinerung des Evolutionsbegriffs auf alle Entwicklungsprozesse von Lebewesen hat entscheidend H. Spencer beigetragen, für den Evolution einen Fortschritt zu immer höherer Komplexität meint.[1]

Darwins Lehre von der Entwicklung der biologischen Arten durch natürliche Zuchtauswahl schien die Annahme von zielgerichteten (teleologischen) Kräften der belebten Natur überflüssig zu machen. Um die Jahrhundertwende entwarf L. Boltzmann ein reduktionistisches Gesamtbild des Lebens, das auf der Evolutionstheorie, der Thermodynamik und dem übrigen physikalischen und chemischen Wissen des 19. Jahrhunderts gründet und in vielem bereits unser heutiges naturwissenschaftliches Bild des Lebens vorwegnimmt. Wie ist es möglich, daß eine Natur, die nach dem 2. Hauptsatz der Thermodynamik auf Unordnung, Tod und Zerfall programmiert scheint, zu immer komplexeren Ordnungs- und Lebenssystemen stürmt?

Im Sinne der Thermodynamik des Gleichgewichts stellt sich daher die Entwicklung des Lebens als ein Schwimmen gegen den Strom der Entropie dar, der alle Ordnung fortzureißen sucht, wenn Energie nicht seinem Wirken entgegenwirkt. Eine andere Möglichkeit, nämlich das spontane Entstehen von Ordnung ohne äußeren Einfluß und Energieaufwand, würde dem 2. Hauptsatz widersprechen und ‚dämonische' Kräfte erfordern.

Die Fiktion eines solchen Dämons, der die nach dem 2. Hauptsatz irreversible Entropiezunahme in einem (abgeschlossenen) System ohne äußeren Einfluß umkehren und damit als ‚Perpetuum mobile' der 2. Art auftreten kann, geht auf J. C. Maxwell zurück.[2] In einer Untersuchung von 1879 spricht W. Thomson (der spätere Lord Kelvin) erstmals von „the Sorting Demon of Maxwell", der in zwei verbundenen Gasbehältern schnellere und langsamere Gasmoleküle trennen und damit die spontane Erwärmung bzw. Erkaltung der beiden Behälter herbeiführen kann. Obwohl es sich beim Maxwellschen Dämon um ein Gedankenexperiment handelt, wurde er lange Zeit als Paradoxon der Thermodynamik interpretiert. Faßt man Dämonen jedoch nicht als allzu wundersame Wesen auf, die zur Ausführung ihrer Arbeit auch einen Stoffwechsel benötigen, so würde die damit verbundene Entropieerzeugung jedes Defizit in der Entropiebilanz, das durch den Sortierungsvorgang entsteht, wettmachen. Die Herstellung von Ordnung durch den Maxwellschen Dämon vollzieht sich dann auf Kosten von Energieverbrauch und kann nicht als Verletzung des 2. Hauptsatzes interpretiert werden.

Strenggenommen ist der 2. Hauptsatz der Thermodynamik jedoch auf Lebensprozesse nicht anwendbar. Lebende Systeme sind nämlich Beispiele für offene Systeme, die sich durch ständigen Stoff- und Energieaustausch mit ihrer Umgebung (Metabolismus) vom thermischen Gleichgewicht und dem damit verbundenen Verfall möglichst fernhalten. Die Thermodynamik nach Boltzmann ist auf solche Gleichgewichtssituationen fixiert. Leben vollzieht sich aber offenbar fern des thermischen Gleichgewichts. Eine mathematische und physikalische Theorie des Nicht-Gleichgewichts liegt erst seit einigen Jahren vor (I. Prigogine, H. Haken u. a.). Sie macht Maxwellsche Dämonen als Ordnungsstifter überflüssig.

Nichtlineare Rückkopplungen erlauben einen Fluß von Energie und Materie, um funktionale und strukturale Ordnungen aufzubauen und zu erhalten. In dem Zusammenhang treten neue Strukturen als Ergebnisse dissipativer und konservativer Selbstorganisation auf. Als irreversible Prozesse repräsentieren sie zugleich die innere Zeit der Evolution. In diesem Sinn ist Leben die Folge einer zeitlichen Symmetriebrechung.[3]

2. Zeit in der molekularen Evolution

Auffallend ist die Analogie von Grundbegriffen der biologischen Evolution mit der Thermodynamik des Nicht-Gleichgewichts. Die Emergenz neuer biologischer Formen tritt analog zum thermischen Gleichgewicht auf. Mutanten entsprechen Fluktuationen. Die Suche eines komplexen dynamischen Systems nach Stabilität wird in der biologischen Selektion realisiert. Die Verzweigungen der Bifurkationsdiagramme erinnern an Stammbäume der biologischen Evolution. In den bisher betrachteten komplexen Systemen der Physik und Chemie setzte die Selbstorganisation, die in Phasenübergängen an Bifurkationspunkten auftritt, Selektion voraus. Wenn z. B. der Laserblitz abgesendet wird, haben die unterschiedlichen Lichtwellenzüge der einzelnen angeregten Atome ihre Konkurrenz eingestellt und zeichnen spontan eine Richtung aus. In diesem Sinn bedeutet also Selektion auch Symmetriebrechung.

Für den Übergang von der unbelebten zur belebten Natur gibt es bereits Vorschläge für mathematische Evolutionsgleichungen, mit denen die Entwicklung von Biomolekülen durch Selbstorganisation beschrieben wird. Dazu werden autokatalytische Prozesse der Selbstvermehrung angenommen, die M. Eigen und P. Schuster in ihren Modellen der Hyperzyklen beschrieben haben.[4] Die Entstehung des Lebens bedeutet in diesem Modell eine sukzessive Selbstoptimierung eines Molekülsystems, die über eine Folge von Selektionszwischenschritten erreicht wird. Es ist kein einmaliges zufälliges Ereignis wie bei J. Monod, eine einmalige Singularität, bei der aufgrund einer Zufallsschwankung der Phasenzustand der unbelebten Materie instabil wird und spontan in einen neuen Gleichgewichtszustand umschlägt, den wir als Leben bezeichnen. Nach Eigen entsteht Leben im Sinne der mathematischen Katastrophentheorie nicht durch eine einmalige spontane Symmetriebrechung, sondern in einer Folge von lokalen Symmetriebrechungen, bei denen instabil gewordene Selektionsgleichgewichte durch neue und höherwertige ersetzt werden.

Die Grenze zwischen unbelebter und belebter Natur ist danach fließend. Selektion und Selbstorganisation treten bereits in der unbelebten Materie auf. Sie lassen sich physikalisch durch Extremalprinzipien beschreiben und führen bei bestimmten Makromolekülen mit biochemischen Eigenschaften wie der Autokatalyse zwangsläufig zu Entwicklungen, bei denen die Grundlagen des Lebens entstehen. Wissenschaftstheoretisch müssen dazu keine neuen Prinzipien angenommen werden, die nicht aus der Physik und Chemie bekannt sind. Allerdings erlaubt die Verwendung eines Extremalprinzips, die ablaufenden Prozesse in einer teleologischen Sprache zu beschreiben, in der von Zielen und Zwecken die Rede ist, auf die Entwicklungen hinsteuern. Damit ist jedoch keineswegs die Annahme vitalistischer Kräfte in der belebten Natur verbunden.

In der sukzessiven Selbstoptimierung der Molekülsysteme kann nur der Gradient der Evolutionsrichtung als mathematischer Ausdruck des Zeitpfeils festgestellt, aber keineswegs jedes zukünftige Evolutionsereignis vorausgesagt werden. Rückwirkend ist jedoch eine genaue Analyse zeitlicher Bifurkationsdiagramme möglich. Zunächst einmal lassen sich durch biochemische Analyse der Molekülsequenzen, die in den Genen der einzelnen Arten vorkommen, Rückschlüsse auf die Verwandtschaft und historische Evolution der Organismen ziehen. Neben den traditionellen Methoden der Paläontologie und der vergleichenden Morphologie, wie sie nach Darwin verwendet wurden, liegen nun wesentlich präzisere Prüfverfahren der Evolutionstheorie auf molekularer Grundlage vor. Für verwandte Gene lassen sich aus den Vorgängern jeweils ‚Urgene' berechnen und Stammbäume der molekularen Evolution aufstellen. Wir haben gewissermaßen eine genetische Uhr, bei der die Mutationen einen Maßstab der Altersmessung bilden. Von den Bakterien bis zu den Primaten könnte danach die Evolution von Organismen in zeitlichen Bifurkationsdiagrammen nachgezeichnet werden.

Es ist eine bemerkenswerte Symmetrieeigenschaft dieser Evolutionen, daß die Unveränderlichkeit einer Art über viele Generationen durch die Invarianz der DNS-Struktur gewahrt werden kann. Erst wenn neue Mutanten auftreten und das bisherige Selektionsgleichgewicht instabil wird, kommt es zu Symmetriebrüchen, die sich makroskopisch in biologischen Gestalten und Formen zeigen.

So überzeugend Eigens Modell der evolutionären Selbstreplikation und Selektion zur Beschreibung heute beobachtbarer Lebensvorgänge auch ist, so ist damit noch nicht die Frage nach dem Ursprung des Lebens vollständig geklärt. Eigen setzt nämlich für die Replikation und Selbstreproduktion des Lebens einen informationsverarbeitenden Mechanismus voraus, der zwar einerseits ungewöhnlich einfach, andererseits aber mit hoher Effizienz und geringer Irrtumsrate arbeitet. Es bleibt zu klären, wie eine solche nahezu perfekte Molekularmaschinerie der Selbstreplikation in den Anfangsphasen des Lebens entstehen konnte. Andere Modelle lassen molekulare Selbstreplikation und Metabolismus nicht gleichzeitig, sondern nacheinander entstehen. Jedenfalls wird die biologische Evolution in der Theorie offener komplexer Systeme fernab vom thermischen Gleichgewicht abgehandelt, deren Entwicklung ebenso durch nichtlineare Gleichungen beschrieben wird wie das Laserlicht oder chemische Reaktionsgleichungen.[5]

Über Biomoleküle gelangt man durch Zelldifferenzierung zum Organismus.[6] Für die Entwicklung dieser neuen Formen liegen mittlerweile mathematische Simulationsmodelle vor:[7] Im Anfangszustand sind in einem Zellverband Anregungs- und Hemmstoffe für die Formbildung gleichmäßig verteilt. Es kommt dann zu Interaktionen der Zellen, bei denen durch chemische Reaktions- und Diffusionsvorgänge ein kritischer Punkt für die Produktionsrate z. B. des Anregungsstoffes erreicht wird. Es entsteht dann ein chemisches Muster, dessen Dichtegefälle die Zellgene zur Ausbildung unterschiedlicher Funktionen anregt.

Auch auf der Stufe der Systeme von Organismen, also Populationen von Pflanzen, Bakterien, Tieren etc., sind analoge Modelle der Systemtheorie anwendbar. Nichtlineare Gleichungen werden bereits im 19. Jahrhundert für biologische Populationsmodelle verwendet. So stellte P. F. Verhulst 1845 eine nichtlineare Gleichung vom Typ der Lasergleichung auf, um Wachstumsschwankungen konkurrierender Fischpopulationen zu untersuchen.

Ökologisch herrscht eine ungeheuer komplizierte Vernetzung von Pflanzen- und Tierpopulationen mit der biochemischen Umwelt, in der geringe Veränderungen von Gleichgewichten Naturkatastrophen (Symmetriebrechungen) auslösen können. Kann sich das Gesamtsystem an diesen kritischen Werten selbst nach einem bestimmten makroskopischen Muster regenerieren, war die ‚Katastrophe' der Population reversibel. Von großer Aktualität sind heute aber die irreversiblen Symmetriebrechungen, die vor allem durch die Eingriffe des Menschen in das komplizierte Vernetzungssystem der Natur entstehen. Die Populationsdynamik läßt sich am Schema der offenen Systeme fernab des thermischen Gleichgewichts beschreiben, die bei Verlust von Gleichgewichtslagen (‚Symmetriebrechungen') spontan makroskopische Ordnungsstrukturen erzeugen.

Eine lehrreiche Population sind staatsbildende Insekten wie z. B. Ameisen. Ameisenstaaten scheinen auf den ersten Blick ein deterministisches System zu bilden, in dem die Aktivitäten der einzelnen Ameisen programmgesteuert ablaufen. Bei näherer Beobachtung führen die einzelnen Insekten jedoch viele Zufallsbewegungen (Fluktuationen) aus, während die Gesamtorganisation hochgradige Ordnungsstrukturen besitzt, die sich allerdings spontan ändern können. Eine stabile Ordnungsstruktur kann z. B. ein Spurennetz sein, das Ameisen von ihrem Nest zu Nahrungsquellen ihrer Umwelt im Laufe der Zeit aufbauen.

In diesem Fall ist ein Gleichgewicht des Systems mit seiner Umwelt erreicht. Wird durch zufällige Fluktuationen einzelner Ameisen eine zweite gleichwertige Nahrungsquelle entdeckt, kann das alte Spurennetz instabil und ein neues aufgebaut werden. Das System schwankt gewissermaßen zwischen zwei möglichen Attraktoren als zwei gleichzeitig stabilen Zielzuständen, bis es zum Systembruch kommt und sich das System in einer Bifurkation entscheidet.

Die zeitliche Entwicklung des Ameisenstaates ist nun keineswegs, wie man lange glaubte, auf der mikroskopischen Ebene der einzelnen Ameise vollständig programmiert. Es reicht vielmehr eine minimale genetische Vorgabe bei den einzelnen Ameisen aus, um auf kollektiver Ebene des Gesamtenstaates neue Kooperationsformen zu entwickeln, mit denen unter neuen Umweltbedingungen komplexe Probleme gelöst werden können. Wie bereits bei den molekularen komplexen Systemen beobachtet man also auf der mikroskopischen Ebene zufällig erscheinende Fluktuationen einzelner Individuen, die auf makroskopischer Ebene in Phasenübergängen zur Emergenz neuer Formen und Gestalten führen. Die Vorstellung einer zentralen Programmsteuerung oder die metaphysische Annahme eines höheren ‚lenkenden Zeitbewußtseins' des Kollektivs ist dafür überflüssig. Die Individuen bleiben weitgehend autonom. Die Emergenz kollektiver Formen ergibt sich vielmehr gesetzlich aus dem Abstand des komplexen Systems zum thermischen Gleichgewicht und der mathematischen Nichtlinearität der zeitabhängigen Evolutionsgleichung.

3. Zeithierarchien und biologische Rhythmen

Neben den unwiderruflichen (‚irreversiblen') Entwicklungen von der Geburt bis zum Tod gehören die sich wiederholenden (‚reversiblen') Zyklen wie Tag und Nacht, die Jahreszeiten u.ä. zu den frühesten Erfahrungen des Menschen. Seit ihren Anfängen benutzen Menschen diese Zyklen zur zeitlichen Orientierung. Biochemie, Medizin und Evolutionsbiologie haben mittlerweile unterschiedliche Zeitrhythmen auf allen Organisationsstufen des Lebens aufgezeigt.[8] Vernetzte Interaktionen sind Kennzeichen eines hohen Grades der Komplexität und bestehen im Organismus auf der Ebene der Organe, Zellen und im subzellulären Bereich. Die biochemischen Reaktionen, die in einem Organ wie z.B. der Leber ablaufen, bilden eine nahezu unübersehbare Zahl von Reaktionsfolgen. Sie münden in einen komplexen Stoffwechselweg oder zweigen von ihm ab, wobei diese Reaktionsfolgen wiederum untereinander vernetzt sind. Komplexe Stoffwechselprozesse mit überraschenden und früher nicht verstandenen Reaktionen lassen sich heute dank der Theorie komplexer dynamischer Systeme und der modernen Computertechnik analysieren.

Organe müssen nach Art nichtlinearere Systeme flexibel auf Umstände reagieren, die sich schnell und unerwartet verändern. So darf der Herzschlag oder Atemrhythmus nicht auf strenges periodisches Verhalten eines mechanischen Modells wie z. B. eine Penduluhr fixiert sein. Der Gesamtorganismus des menschlichen Körpers selbst ist ein komplexes System, in dem lokal ein ständiger Auf- und Abbau von Substanzen, also Sterben und Vergehen stattfindet. Chaos und Selbstorganisation gehören zusammen, und erst im Zustand ihrer prästabilierten Harmonie herrscht Leben und Gesundheit.

Auf dem Hintergrund der klassischen Mechanik gilt das Herz seit Jahrhunderten als Paradebeispiel einer biologischen Uhr.[9] Aperiodisch pathologische Abweichungen wie z. B. das Kammerflimmern münden in einen chaotischen Endzustand, der den Tod bedeutet. Regelmäßiges Schlagen des Herzens setzt ein aufeinander abgestimmtes Einzelverhalten von Millionen von Herzmuskelzellen voraus. Eine gefährliche Situation entsteht dann, wenn Teile der Herzzellen im unerregbaren Zustand der Refraktärphase, andere Teile aber schon wieder zur Aufnahme bzw. Wiederausbreitung eines Kontraktionsimpulses bereit sind. Die einzelnen Herzzonen arbeiten nicht mehr koordiniert. Lokal treten in einzelnen Zonen auch refraktärer Muskulatur zyklische Erregungsverläufe auf, die schließlich global in chaotisches Herzflimmern übergehen. Der Aufbau des für die Kontraktionsarbeit erforderlichen elektrophysiologischen Potentials kommt trotz maximalen Energieverbrauchs nicht mehr zustande. Die Pumparbeit des Herzens kann nicht geleistet werden. Kreislaufstillstand tritt ein.[10]

Viele tausend Zyklen von der molekular-biochemischen Ebene bis zu den physiologischen Prozessen der Organe halten die Lebensfunktionen des Organismus aufrecht. Jeder dieser Zyklen repräsentiert einen eigenen zeitlichen Ablauf. Die innere Zeit eines Organismus resultiert also aus den großen lebenserhaltenden Zeitrhythmen wie Herzschlag, Hormonzyklus, Menstruationszyklus, Wach-Schlaf-Rhythmus u. a. auf seinen verschiedenen Systemstufen. Sie ist in die großen biologischen und ökologischen Rhythmen der Natur, aber mittlerweile auch der menschlichen Zivilisation mit eingebunden und von ihnen abhängig. Damit werden auch neue Krankheitsbilder sichtbar, die auf Störungen der inneren Zeit aufgrund vielfältiger Körperrhythmen zurückzuführen sind. Bekannte Beispiele sind epileptische Anfälle, Atmungsrhythmien und Herzanfälle. Psychosomatische Schwankungen gehören ebenso dazu wie Veränderungen in der komplexen Vernetzungen des Immun- oder Hormonsystems.

Unter den Rahmenbedingungen biologischer innerer Zeiten wird sicher auch ein Umdenken in der klinisch-medizinischen Behandlung neurologischer und psychischer Krankheiten erforderlich werden. Chaos ist schlechterdings kein Krankheitszustand, sondern ein komplexer Attraktor. So finden sich bei der Messung von Gehirnströmen im Elektro-Enzephalogramm bei gesunden Menschen chaotisch gezackte Kurven, während bei Epileptikern auffallend gleichmäßige und geordnete EEG-Kurven vorliegen. Schließlich kann bei der medikamentösen Behandlung ein neues Grundverständnis des zu behandelnden Organs als komplexes dynamisches System grundlegend sein, dessen Sensibilität bei geringsten Veränderungen zu berücksichtigen ist.

Es gibt viele verschiedene Zellarten und komplexe elektrophysiologische Erscheinungen in einem hierarchisch strukturierten System, in dem auf allen Ebenen von den Molekülen bis zum EEG, vom Mikrokosmos bis zum Makrokosmos des Gehirns fortgesetzt auf Instabilität beruhende autonome Aktivitäten ablaufen. Ein besseres Verständnis der zeitlichen Phasenübergänge zwischen den verschiedenen lokalen Zuständen könnte von erheblichem Nutzen sein.

VII. Zeit und Bewußtsein

Bei den physiologischen Koordinierungsabläufen im menschlichen Gehirn lassen sich verschiedene Zeitrhythmen unterscheiden. Das Phänomen des Zeitbewußtseins hängt eng mit der Dynamik von Bewußtseinszuständen des Gehirns zusammen. Im Rahmen der Theorie komplexer Systeme fern des thermischen Gleichgewichts werden Vorschläge zur Erklärung der Emergenz von Bewußtsein gemacht. Bewußtsein wird danach als globaler makroskopischer Ordnungszustand von neuronalen Verschaltungsmustern verstanden, die durch lokale mikroskopische Wechselwirkungen in komplexen Neuronennetzen des Gehirns entstehen. Das Zeitbewußtsein steht also nicht im Gegensatz zur Physik, sondern wird als Ergebnis eines komplexen neuronalen Wechselwirkungsprozesses erklärbar. Damit werden auch falsche Konfrontationen überflüssig, wie sie wissenschaftshistorisch z. B. zwischen Bergson und Einstein bestanden. Im Rahmen der Computertechnik stellt sich die Frage, welche Beziehungen zwischen maschineller Computerzeit und menschlichem Zeitbewußtsein bestehen.

1. Zeitrhythmen und die Physiologie des Gehirns

Unter dem Gesichtspunkt komplexer Systeme ist das Gehirn eine Population von ca. 10 bis 100 Milliarden wechselwirkenden Neuronen. Die Überlegenheit gegenüber Computern, die bisher in der technischen Entwicklung hervorgebracht wurden, liegt nicht in der Verarbeitungsgeschwindigkeit der Informationen oder in der Genauigkeit der Operationen. Die numerische Schnelligkeit eines einfachen PCs gegenüber menschlichen Rechenkünsten ist wohlbekannt. Ein großer Teil der Neuronenpopulation ist im Unterschied zu einem Von-Neumann-Computer gleichzeitig aktiv und kommuniziert miteinander. Diese komplexe Netzstruktur ist die Voraussetzung, warum wir in Bruchteilen von Sekunden Bewegungsabläufe koordinieren, Personen wiedererkennen oder uns mit anderen Menschen unterhalten können – um nur einige der Beispiele zu nennen, an denen ein programmgesteuerter Computer weitgehend scheitert.

Vom Standpunkt der Systemtheorie läge es nahe, die zeitliche Evolution und Wechselwirkungen der Neuronen in der Zeit durch analoge Gleichungen zu beschreiben, wie sie bereits für Zellpopulationen in Organismen verwendet wurden (vgl. Kap. VI. 2). Im Fall des Gehirns müßten allerdings Millionen von Zeitentwicklungen für die einzelnen Neuronen und noch mehr Meßgrößen berücksichtigt werden. Damit wird bereits deutlich, daß es nicht um eine numerische Beherrschung und Simulation des Gehirns gehen kann. Vielmehr sollen die Strukturprinzipien des Gehirns erkannt und mathematisch beschrieben werden, um auf dieser Grundlage die Emergenz von Denken, Fühlen, Sprechen etc. verstehen zu können.[1]

Eine entscheidende Leistungsfähigkeit, die das Gehirn in seiner stammesgeschichtlichen Evolution erworben hat, besteht in selbständigen synaptischen Verknüpfungen einiger Neuronen. Diese selbständigen Modifikationen ermöglichen die Lernfähigkeit des Gehirns. Im Modell kommt sie in variablen Synapsengewichten zum Ausdruck. Die Stärke der Verbindungen (Assoziationen) von Neuronen hängt von den jeweiligen Synapsen ab. Unter physiologischen Gesichtspunkten stellt sich Lernen daher als lokaler zeitlicher Vorgang dar. Die Veränderungen der Synapsen in der Zeit werden nicht global von außen gesteuert, sondern geschehen lokal an den einzelnen Synapsen z.B. durch Änderung der Neurotransmitter.

Die zeitliche Veränderung der Synapsengewichte wird nach Lernregeln vorgenommen. Nach einem Vorschlag von D. O. Hebb (1949) könnte eine Lernregel darin bestehen, daß häufig gemeinsam aktivierte Neuronen ihre Verbindung untereinander verstärken.[2] Dadurch entstehen Aktivitätsmuster (Assemblies), also neuronale Korrelationen im Gehirn, die wiederum Korrelationen von Außenweltsignalen entsprechen. Bei solchen Mustern kann es sich um Worte, Klänge, Bilder von Gegenständen oder ganzen Situationen handeln.

Damit lassen sich einige Leistungen des biologischen Gehirns verstehen. Wenn man sich etwas merken und einprägen will, so wird das entsprechende Aktivitätsmuster im Gehirn festgehalten, indem der Sachverhalt wiederholt aktiviert wird. Dadurch verstärken sich nach der Hebbschen Regel die synaptischen Verbindungen zwischen den aktivierten Neuronen. Wenn man sich an etwas erinnern will, soll aus Teilen der vollständige Sachverhalt konstruiert werden. Diese Form der Mustervervollständigung geschieht nach den Hebbschen Vorstellungen spontan, wenn ein Teil der Neuronen in einem gelernten Muster aktiviert wird. Aktivitätsmuster können auch abstrakte Konzepte wie z. B. geometrische Formen repräsentieren. Beim Lernen werden Verbindungen zwischen Neuronen und vernetzten Neuronengruppen hergestellt. Eine einmal gelernte Gedankenassoziationen ist gewissermaßen ein zeitlich geronnenes Korrelationsmuster.

2. Zeiterlebnis und die Emergenz des Bewußtseins

Um Zeiterlebnis und Zeitbewußtsein zu verstehen, muß zunächst die Emergenz von Bewußtsein in der biologischen Evolution erklärt werden. Ein bemerkenswerter Hinweis für die aktuelle Diskussion findet sich bei G. W. Leibniz.[3] Wenn wir uns, so argumentiert er, das Gehirn wie ein mechanisches Uhrwerk so vergrößert vorstellen, daß wir es wie eine Mühle betreten können, so werden wir nur wechselwirkende Zahnräder, aber keine Gedanken und Gefühle finden. Sie sind als Funktionen des Gesamtmechanismus zu verstehen, so wie z. B. die mechanischen Einzelteile einer Uhr und ihre lokalen Wechselwirkungen insgesamt die Uhrzeit anzeigen.

Nun ist das Gehirn keine ‚tote' mechanische Uhr, sondern ein lebendes System fern des thermischen Gleichgewichts. Im Rahmen der Theorie komplexer Systeme läßt sich das Gehirn als eine komplexe Population von Nervenzellen auffassen, die sich in Phasenübergängen vernetzen und neue Muster durch Selbstorganisation erzeugen. Die makroskopischen Verschaltungsmuster können äußeren Wahrnehmungen, emotionalen

Erregungszuständen, Gedanken und auch Zeitbewußtsein entsprechen. So handelt es sich bei der Wahrnehmung um keine starre und isomorphe Abbildung der Außenwelt, sondern um einen Lernvorgang, in dem schrittweise und unter ständigen Korrekturen ein Bild der Außenwelt entsteht.[4]

Während sensorische und motorische Karten zur Repräsentation von Wahrnehmungen und Bewegungen und ihre sensomotorische Koordination bereits gehirnphysiologisch untersucht wurden, stecken Untersuchungen über die neuronalen Erregungsmuster von Emotionen und Gedanken noch in den Anfängen. Die Theorie komplexer dynamischer Systeme, die fachübergreifend in Physik, Chemie und Biologie angewendet wurde, gibt aber bereits heuristische Hinweise für Forschungshypothesen.[5]

Für das Phänomen des Zeitgefühls ist eine Erklärung von Bewußtsein erforderlich. Dazu liegen Vorschläge von Gehirnforschern und kognitiven Psychologen vor, die sich in einer Theorie komplexer dynamischer Systeme modellieren lassen.[6] Wir erinnern zunächst noch einmal daran, daß ein wahrgenommener Sachverhalt der Außenwelt durch ein typisches neuronales Verschaltungsmuster repräsentiert werden kann. Denkt man über diese wahrgenommenen Sachverhalte nach, spricht man traditionell von Reflexion, d. h. in einem neuen Gedanken wird auf einen vorherigen Gedanken Bezug genommen. Man kann sich nun vorstellen, daß der Output des zerebralen Verschaltungsmusters, das den früheren Gedanken repräsentiert, als Input im nachgeschalteten neuronalen Muster des späteren Gedankens wirkt und dort Selbstorganisationsprozesse auslöst.

Damit entsteht eine Metarepräsentation, die beliebig iteriert werden kann: Ich denke darüber nach, wie ich über das Nachdenken des Nachdenkens... nachdenke. Iterierte Metarepräsentationen von neuronalen Verschaltungsmustern sollen den Zustand der Bewußtseinsbildung modellieren. Der Grad des Bewußtseins hängt von der Geschwindigkeit ab, mit der iterierte Metarepräsentationen gebildet werden können. Die Verschaltungsgeschwindigkeit von Synapsen könnte z. B. durch

Medikamente und Drogen chemisch beeinflußt werden, so daß eine Veränderung des Bewußtseins empirisch prüfbar wird.

Entsprechend ist das Phänomen des Zeitbewußtseins bzw. Zeitgefühls zu behandeln. Historisch hatte Henri Bergson (1859–1941) die Zeit als „reine Dauer" herausgestellt, „eine reine Intuition, verstanden als Schau des Menschen in sein eigenes Inneres". Gemeint ist die intuitiv „gelebte Zeit" als kontinuierliche Dauer, die nicht zerlegbar sei. Kritisch wendet sich Bergson gegen den Zeitbegriff der (klassischen) Physik, die die Zeit geometrisch als Gerade darstellt, von Zeitpunkten spricht und Dauer als Zeitabstand mißt. Tatsächlich wird Zeit in der klassischen Mechanik, Relativitätstheorie und Quantenmechanik mathematisch als reeller Parameter benützt. Die Gesetze dieser physikalischen Theorien sind zeitsymmetrisch, so wie eine Gerade am Nullpunkt spiegelungssymmetrisch ist.

In der subjektiv erfahrenen Zeit kann die Gegenwart eine Ewigkeit dauern, zäh dahinfließen oder sich augenblicklich verflüchtigen. Die Relativitätstheorie spricht zwar von der Eigenzeit jedes Bezugssystems, die aber gleichwohl mathematisch präzisiert und objektiv meßbar ist. Letztlich erfahren wir aber nach Bergson in der Intuition der Dauer unsere eigene Person in ihrem Verlauf durch die Zeit: „Es ist unser Ich, das dauert."[7] An dieser Intuition der Dauer läßt sich nach Bergson abstrakt eine Vielheit von sukzessiven Bewußtseinszuständen unterscheiden, aber andererseits auch eine Einheit feststellen, die sie wieder verbindet.

Bergson ist sicher zuzustimmen, daß Zeitempfinden ebenso wie andere Empfindungen nur subjektiv erfahren werden kann. Kein anderer als sein Landsmann Marcel Proust hat in seinem großen Roman *Auf der Suche nach der verlorenen Zeit* die subjektiven ‚Eigenzeiten' individueller Lebensvollzüge und den Verlust einer globalen Zeit gemeinsamen Erlebens besser nachempfunden. Dennoch kann die Dynamik der Zeitempfindungen ebenso Gegenstand wissenschaftlicher Beobachtung und Analyse sein wie die Dynamik anderer Empfindungen, auch wenn wir uns nicht in den anderen identisch hineinversetzen können und wollen. Ziel ist vielmehr, wie bereits betont, die physiologischen und psychologischen Bedingungen dieser Zustände besser zu verstehen, um daraus gegebenenfalls Konsequenzen für medizinische, psychiatrische und psychologische Diagnosen und Therapien zu ziehen.

So stellt E. Pöppel Wahrnehmungs- und Bewußtseinsprozesse in informationsverarbeitenden Systemen dar, deren Funktionen zeitlich synchronisiert sind.[8] Durch zeitliche Integration ist es möglich, Ereignisse bis zu einer bestimmten zeitlichen Grenze als Wahrnehmungs- und Empfindungsgestalten zusammenzufassen. Die zeitliche Integrationskraft ist auf drei Sekunden begrenzt, so daß die subjektive Gegenwart bzw. Jetzt-Empfindung maximal diesem Zeitintervall entspricht. Zeitfehler durch Über- und Unterschätzung eines ‚Augenblicks', die etwa zwischen zwei und drei Sekunden schwanken, werden als zeitliche Begrenztheit der integrativen Leistung des Gehirns interpretiert.

Jedenfalls wird nach diesem Ansatz ‚bewußt' als ein Zustand definiert, bei dem für jeweils wenige Sekunden aufgrund einer neuronal bedingten Integration mentale Funktionen repräsentiert werden bzw. im Fokus der Aufmerksamkeit stehen. Nach dieser Analyse ist also die Empfindung eines kontinuierlichen Zeitstroms eine Illusion, die sich aus der Verknüpfung aufeinanderfolgender Bewußtseinszustände in ca. Drei-Sekunden-Einheiten ergibt. Bewußtsein, ob als Selbst- oder Zeitbewußtsein, ist demnach keine elementare Kontrolleinheit, keine ontologische Substanz, kein geheimnisvoller und nicht weiter analysierbarer Erlebnisstrom. Mit Bewußtsein wird ein makroskopischer Zustand bezeichnet, den neuronale Netze unter bestimmten Nebenbedingungen in dissipativer Selbstorganisation erzeugen.

3. Computerzeit und Künstliche Intelligenz

Computerzeit ist ein Maßstab für den Aufwand und die Komplexität maschineller Problemlösung. Ein berechenbares Problem wird dazu durch eine berechenbare Funktion repräsentiert, die von einem Computer (‚Turing-Maschine') in endlich vielen elementaren Rechenschritten (z. B. Addition oder Subtraktion einer Einheit) berechnet werden kann. Die elementaren Rechenschritte gelten als Zeiteinheiten, die während des Rechenprozesses gezählt werden.[9]

Als Komplexitätsmaße kommen vor allem das Zeitverhalten und der Speicherplatzbedarf eines Algorithmus in Abhängigkeit von der Länge der Eingabe in Frage. Die Laufzeit eines Algorithmus ist die Anzahl der Rechenschritte, die bei seiner Realisierung für eine Eingabe gemacht werden. Der Speicherplatzbedarf wird durch die Anzahl der benötigten Speicherzellen bestimmt.

Unterschieden wird das Komplexitätsverhalten von Algorithmen im ‚schlimmsten Fall' (worst case complexity) und ‚im Mittel' (average case complexity). Naheliegenderweise meint die Worstcase-Komplexität die maximale Laufzeit bzw. den maximalen Speicherplatz für eine Eingabe bestimmter Länge. Wenn einige Eingaben häufiger vorkommen als andere, dann ist auf der Menge der Eingaben eine Wahrscheinlichkeitsverteilung gegeben (Average-case-Komplexität).

Allgemein kann nun die Komplexitätstheorie als diejenige Disziplin definiert werden, die sich mit der Komplexität von Algorithmen und Funktionen beschäftigt. Neben dem schon erwähnten Zeitaufwand und Speicherplatz gehört dazu auch die Einteilung von Problemen in Komplexitätsklassen. Diese Klassifizierung wird bei der Laufzeit nach der Größenordnung der Funktion vorgenommen. Gemeint ist damit die Abhängigkeit der Laufzeit von der Größe der Eingabe.

Wenn die Laufzeit für alle Eingaben der Länge n bis auf einen konstanten Faktor gleich n ist, so spricht man von linearer Laufzeit. Ist diese Laufzeit (bis auf einen konstanten Faktor) gleich dem Quadrat n^2 der Länge n, liegt quadratische Laufzeit vor. Ist sie (bis auf einen konstanten Faktor) gleich einem Polynom p(n) in Abhängigkeit von der Länge n, liegt polynomielle Laufzeit vor. Von exponentieller Laufzeit spricht man, wenn sie (bis auf einen konstanten Faktor) der exponentiellen Funktion $2^{p(n)}$ gleich ist.

Für die Computerzeit ist jeweils zu unterscheiden, ob eine

Maschine determiniert oder nicht-determiniert arbeitet. Während in einer deterministischen Maschine die Reihenfolge der Rechenbefehle eindeutig determiniert ist, gibt es in einer nichtdeterministischen Maschine eine Anweisung, wonach nichtdeterministisch eine von endlich vielen Anweisungen auszuführen ist. Ein Algorithmus ist polynomial zeitbeschränkt, wenn er von einer deterministischen Turing-Maschine in polynomieller Laufzeit berechnet wird. Die Klasse aller Funktionen, die durch einen polynomial zeitbeschränkten Algorithmus berechnet werden können, wird mit P bezeichnet. Die Klasse aller Funktionen, die von einer nichtdeterministischen Turing-Maschine in polynomieller Laufzeit berechnet werden können, werden mit der Abkürzung NP bezeichnet.

Ein Grundlagenproblem der Komplexitätstheorie lautet, ob nicht-deterministische Turing-Maschinen in polynomieller Laufzeit mehr Probleme lösen können als deterministische Turing-Maschinen oder nicht, oder kurz gesagt: Gilt $P = NP$? Computerzeit erweist sich als grundlegender Maßstab maschineller Problemlösung.

Wesentlich kürzere Computerzeiten wurden zunächst für Computer vermutet, die nicht nach Prinzipien der klassischen Physik, sondern auf der Grundlage der Quantenmechanik arbeiten.[10] Schließlich beschreiben die Quantenfeldtheorien die Dynamik von Elementarteilchen (z. B. Photonen) mit extrem hohen Geschwindigkeiten. Ein Quantencomputer ist eine Verallgemeinerung einer klassischen Rechenmaschine (z. B. Turing-Maschine), vergleichbar einer quantenmechanischen Begriffsbildung nach dem Bohrschen Korrespondenzprinzip. Eine klassische (Turing-)Maschine ist danach ein spezieller Quantencomputer, dessen Dynamik sicherstellt, daß sein Berechnungszustand nach jedem Berechnungsschritt bestimmt werden kann. Das wäre allgemein bei einem Quantencomputer ausgeschlossen, da jeder ‚Ableseakt' im Sinne des quantenmechanischen Meßproblems seine relativen Zustände ändern würde. Im Unterschied zu einer klassischen Maschine erlaubt ein Quantencomputer aber zusätzlich Programme, die Berechnungszustände in lineare Überlagerungszustände (Superpositionen) überführen, die im Sinne der quantenmechanischen Nicht-Lokalität nicht separierbar sind.

Superpositionen überlagerter Zustände legen eine Analogie mit dem Parallelismus der klassischen Computertechnologie nahe. Ein Quantencomputer könnte sich als zweckmäßig erweisen, wenn man an einer bestimmten Korrelation von sehr vielen Berechnungsresultaten und nicht an deren separierten Details interessiert ist. In diesem Fall könnte ein Quantencomputer die Superposition von Myriaden von Parallelberechnungen liefern, mit der die Effizienz klassischer Computer übertroffen wird. Statt Superposition von Berechnungszuständen spricht man auch vom Quantenparallelismus im Unterschied zum klassischen Parallelismus herkömmlicher Computer vom Turingtyp.

Es kann allerdings bewiesen werden, daß der Erwartungswert der Rechenzeit für Quantenparallelismus nicht weniger sein kann als für eine serielle Berechnung durch einen Quantencomputer. Ferner arbeiten Quantencomputer nach wie vor algorithmisch, da ihre lineare Dynamik ein deterministischer Prozeß ist. Der nicht-deterministische Aspekt tritt erst durch den nicht-linearen Meßakt im Sinne des quantenmechanischen Meßproblems auf. Daher kann nicht erwartet werden, daß Quantencomputer nicht-algorithmische Operationen jenseits der Komplexitätsgrenze der Turing-Maschine realisieren können.

Dennoch können Quantencomputer technisch-praktische Vorteile gegenüber konventionellen klassischen Computern im Sinne der Komplexitätstheorie besitzen. Prinzipiell sind nämlich Quantencomputer mit einer höheren Geschwindigkeit denkbar, die Probleme in polynomischer Zeit lösen können, obwohl sie nicht in der Komplexitätsklasse P liegen.

Klassische Computer wie Quantencomputer gehen auf der Grundlage von klassischer Physik und Quantenmechanik von einem reversiblen Zeitbegriff aus: Im Prinzip erlauben es die jeweiligen Naturgesetze danach, daß die entsprechenden Rechenprozesse (wenn man vom Meß- und Ableseakt bei Quantencomputern absieht) in der Zeit rückwärts laufen könnten.

Damit stellt sich die Frage, ob auch zeitlich irreversible Prozesse, wie sie aus der biologischen Evolution und Selbstorganisation des Gehirns bekannt sind, computergestützt simuliert werden können. Die Emergenz von zellulären Mustern wurde in den 50er Jahren durch J. von Neumanns ‚Zelluläre Automaten' erstmals simuliert. Computerexperimente legen Klassen von Emergenzmustern nahe, die als Attraktoren komplexer dynamischer Systeme vertraut sind. Man findet Klassen von Mustern, die einem Gleichgewichtszustand (‚Fixpunkt') zustreben ebenso wie periodische Wiederholungen (‚Grenzzyklen' und ‚Oszillationen') und fraktale chaotische Muster. Vor allem letztere weisen die typische Sensibilität chaotischer Systeme gegenüber geringsten lokalen Veränderungen der Anfangsbedingungen (‚Schmetterlingseffekt') auf. Es handelt sich daher um irreversible Musterentwicklungen wie in der biologischen Evolution, die schon bei geringsten Änderungen der Anfangsbedingungen anders verlaufen würden. Daher sind solche komplexen Entwicklungen im Detail auch langfristig nicht prognostizierbar.

Ein erster Ansatz zur Computersimulation des Gehirns waren die McCulloch-Pitts Netze. Ihre wesentliche Einschränkung bestand in der Annahme, daß die Synapsengewichte für immer fixiert seien. Damit ist eine entscheidende Leistungsfähigkeit des Gehirns aus seiner stammesgeschichtlichen Evolution ausgeschlossen. Das Lernen wird nämlich durch Modifikationen der Synapsen zwischen den Neuronen ermöglicht. Lernen ist nichts anderes als eine besondere Form der Selbstorganisation, die in dissipativen (‚heißen') Systemen fern des thermischen Gleichgewichts irreversibel ablaufen kann. Für das Gehirn ist weiterhin massiver Parallelismus bei der Informationsverarbeitung charakteristisch. Im Unterschied zum traditionellen seriell arbeitenden Computer können wir gleichzeitig verschiedene Dinge wahrnehmen, fühlen und denken.

In der Technik ist daher das Paradigma des Parallelismus und Konnektionismus aktuell, an dem sich Ingenieure beim Bau von Neurocomputern und neuronalen Netzen orientieren.¹² Ob auf diesem Weg auch einmal eine neuronale Selbstorganisation technisch möglich werden könnte, die zu Systemen mit Bewußtsein und insbesondere Zeitbewußtsein führt, kann prinzipiell nicht ausgeschlossen werden. Allerdings hätten diese Systeme nicht unser menschliches Zeitbewußtsein, das von der inneren Zeit unserer biologischen und soziokulturellen Evolution abhängt. Durchschaubar werden in diesen Modellen nur die Gesetzmäßigkeiten mentaler Prozesse und ihre Abhängigkeit von neuronalen Vorgängen im Gehirn, nicht der individuelle Gedanke oder das intime Gefühl. Es ist schließlich charakteristisch für komplexe dynamische Systeme, daß ihre zeitliche Entwicklung im einzelnen langfristig nicht vorausberechnet werden kann, obwohl sie für kritische Nebenbedingungen typische Entwicklungsmuster zeigen.

VIII. Zeit in Geschichte und Kultur

Historische Kulturen entwickelten ebenso wie Individuen unterschiedliche innere Zeiten ihrer Entwicklung. Daher wurden von Geschichtsphilosophen unterschiedliche Zeitmodelle diskutiert, um Geburt und Untergang historischer Kulturen zu erklären. Die Theorie komplexer Systeme erlaubt auch die Modellierung der Entwicklungsdynamik sozialer und ökonomischer Systeme. Damit werden wenigstens Aspekte von irreversiblen Zeitentwicklungen menschlicher Gesellschaften mit analogen Methoden analysierbar wie physikalische und biologische Prozesse. Das bedeutet jedoch keinen naturalistischen Reduktionismus. Die Zeit in historischen und technisch-industriellen Kulturen erweist sich als neue Emergenzstufe der biologischen und soziokulturellen Evolution.

1. Zeit in historischen Kulturen

Menschen haben langzeitliche Erinnerungen, die ihre Gruppen, Stämme, Völker und Kulturen betreffen. Diese kollektiven zeitlichen Erinnerungen wurden in Mythen und Geschichten mündlich weitererzählt, schließlich schriftlich festgehalten und seit den alten Hochkulturen als Geschichtsschreibung (z.B. Herodot, Thukydides) weiterentwickelt. In aristotelischer Tradition meint Historie nur die Darstellung einzelner zeitlicher Tatsachen im Unterschied zur Geschichtsphilosophie, die allgemeine Zusammenhänge historischer Entwicklung begründet. So deutet Augustinus die Geschichte als Kampf zwischen dem Gottesreich (civitas Dei) und den gottfremden Mächten (civitas diaboli). In der mittelalterlichen Geschichtstheologie werden bereits spekulativ Epochen unterschieden, in denen die zeitliche Entwicklung seit der Schöpfung eschatologisch dem Endziel des Jüngsten Gerichts zustrebt.

Zentral für die neuzeitliche Geschichtsphilosophie wird Giambattista Vico, der in seinen *Principi di una Scienza Nuova ...* (1725) die Geschichte als eine Abfolge von Epochen kulturellen Wachstums und Verfalls deutet. Auf höheren zeitlichen Zivilisationsstufen kommt es durchaus zu Wiederholungen vergangener Lebensformen und Handlungsweisen unter neuen Entwicklungsbedingungen. So unterscheidet Vico z.B. den heroischen Barbarismus vergangener Epochen vom Neobarbarismus höherer Stufen. Seit Vico gibt es Versuche, die geschichtliche Zeitentwicklung unter Entwicklungs- und Bewegungsgesetze zu fassen.

In der Aufklärung gilt Geschichte als Fortschritt der Vernunft aus dem Stadium des Aberglaubens. In seiner Abhandlung *Idee zu einer allgemeinen Geschichte in weltbürgerlicher Absicht* (1784) erklärt Kant die Geschichte als einen Fortschritt zu einer vollkommenen bürgerlichen Vereinigung der Menschengattung. Kant beschreibt diesen Endzustand menschlicher Geschichte keineswegs als bloß wünschenswerte Fiktion, sondern begründet sie aus der Natur des Menschen. Seine ‚ungesellige Geselligkeit', d.h. anthropologisch die Tendenz zum sozialen Zusammenschluß, aber auch zur Abgrenzung und Ausweitung des individuellen Territoriums, verlangt nach einer vernunftgeleiteten Regelung, die erst ein friedliches Zusammenleben aller Menschen auf dieser Erde ermöglicht. Das ist nach Kant die weltbürgerliche Gesellschaft.

Nach Hegel vollzieht sich die Weltgeschichte in dialektischen Schritten als Selbstverwirklichung des Geistes zu immer größerer Freiheit. Der Höhepunkt dieses zeitlichen Prozesses ist nach Hegel im Zustand der bürgerlichen Gesellschaft erreicht, der sich in seinen rechtlich und staatlich verfaßten Institutionen zeigt. In diesem historischen Prozeß wird zugleich das subjektive Bewußtsein und der individuelle Wille der vielen einzelnen Individuen überwunden und in einem kollektiven (‚objektiven') Bewußtsein mit allgemeinem und freiem Willen aufgehoben, der sich im bürgerlichen Staat vollzieht.

Marx deutet das dialektische Entwicklungsgesetz Hegels als ökonomischen Klassenkampf, der schließlich zum Endzustand der klassenlosen Gesellschaft führt. Demgegenüber geht Comte in seinem Dreistadiengesetz von einer linearen Fortschrittsgeschichte aus, nach der die Menschheit nacheinander die Zustände eines theologischen Stadiums mit Dominanz von Religion und Mythos, eines metaphysischen Stadiums mit philosophisch-metaphysischer Weltdeutung und schließlich eines wissenschaftlichen Stadiums mit der Vorherrschaft von Technik und Wissenschaft durchläuft.

Neben Hegels und Comtes historischen Entwicklungsgesetzen menschlicher Gesellschaft und Kultur werden in den Naturwissenschaften des 19. Jahrhunderts mit Evolutionsbiologie und Thermodynamik erstmals zeitliche Entwicklungsgesetze der Natur formuliert. Spencer versteht daher die soziokulturelle Evolution der menschlichen Gesellschaft als lineare Fortsetzung der biologischen Evolution des Lebens, die in die kosmische Evolution des Universums eingebettet ist. Fortschritt in der Evolution ist nach Spencer durch Grade wachsender Komplexität zu messen. Von Zuständen inkohärenter Homogenität geht die Evolution, so sagt er, zu Zuständen kohärenter Heterogenität über.

Obwohl viele Bemerkungen Spencers bereits an die moderne Theorie komplexer dynamischer Systeme erinnern, so bleibt er doch naturalistisch und reduktionistisch in der linearen Zeit- und Evolutionsauffassung des 19. Jahrhunderts befangen. Die Zeitentwicklung kosmischer, biologischer und gesellschaftlicher Evolution wird zwar als irreversibler Prozeß verstanden, aber auf die Thermodynamik des Gleichgewichts bezogen. Die Emergenz neuer Gestalt- und Organisationsformen in der Gesellschaft würde demnach nach demselben Schema ablaufen, wie das Ausfrieren einer Eisblume im thermischen Gleichgewicht.

Nachdem der Fortschrittsgedanke durch die politischen und kulturellen Veränderungen Anfang des 20. Jahrhunderts in Mißkredit geriet, gewannen wieder Zeitmodelle Oberhand, die sich an Nietzsches nihilistischer Lehre eines sinnlosen Kreislaufs der Geschichte (amor fati) orientierten oder auf organische Vorstellungen von Wachstum und Zerfall der Kulturen zurückgriffen. So unternimmt Oswald Spengler mit Blick auf Nietzsche und Goethe eine Morphologie der Weltgeschichte, in der die Metamorphose der abendländischen Kultur von den ersten Keimen („Frühling') über das Stadium der Reife („Sommer') und Ernte („Herbst') bis zur Dekadenz der Zivilisationen („Winter') mit entsprechenden Entwicklungen z. B. der indischen, antiken und arabischen Kultur verglichen wird. Kulturen gleichen danach selbständigen Organismen mit eigenen Zeit- und Lebensrhythmen, die zeitlichen Anfang und Ende haben.

Unter Abhebung von Spenglers Kulturmorphologie, aber in Orientierung an Bergsons Zeitphilosophie beschreibt Arnold Toynbee die Kulturentwicklung der Menschheit. Nach Toynbee gibt es keine fiktive Urkultur. Vielmehr entfalten sich alle Völker kontinuierlich, aber verschieden gemäß ihren jeweiligen historischen Nebenbedingungen, ohne daß man im Sinne Spenglers schematische Gemeinsamkeiten erkennen könnte. Ferner können sich nach Toynbee Kulturen wie Organismen verbinden und aufeinander einwirken. Während Spengler von acht kulturellen Geschichtskörpern ausgeht, unterscheidet Toynbee einundzwanzig Kulturen mit den sie jeweils charakterisierenden Zeit- und Entwicklungsrhythmen.

Den Versuch einer Art Geschichtsmorphologie unternimmt noch einmal Karl Jaspers in seinem Buch *Vom Ursprung und Ziel der Geschichte* (1949). Jaspers glaubt eine ‚Achsenzeit' als Achse der Weltgeschichte ausmachen zu können, die er etwa 500 v. Chr. ansetzt. In dem Zeitintervall zwischen 800 und 200 v. Chr. wurden nach Jaspers weltweit die gemeinsamen geistigen Grundlagen in verschiedenen Kulturen gelegt, die den modernen Menschen in seiner heutigen Welt erst ermöglichten. In China lebten Konfuzius und Laotse, in Indien lehrte Buddha, im Iran Zarathustra, in Palästina die Propheten, in Griechenland die Philosophen.

In dieser Epoche wurden alle bis dahin unbewußt geltenden Anschauungen, Sitten und Zustände einer Prüfung unterzogen, in Frage gestellt, aufgelöst oder neu formuliert. Der neuen geistigen Welt entsprach ein neuer politischer und soziologischer Zustand, in dem die Jahrtausende alten isolierten Hochkulturen ihre Bedeutung verloren und gemeinsame geistige Grundlagen der Ethik, Wissenschaft und Kultur geschaffen wurden.

Von dieser Achsenzeit erhält die Weltgeschichte nach Jaspers die gemeinsame Struktur und Einheit, die sich bis heute durchgehalten habe.

Allgemein spricht Jaspers auch von der Geschichtlichkeit menschlichen Daseins und meint damit sein Eingebettetsein in die Kultur-, Sozial-, Wirtschafts-, Staats- und Weltgeschichte der Menschheit. Gegenüber der Geschichte menschlicher Kulturen betont Martin Heidegger die Zeitlichkeit als fundamentale Struktur menschlichen Daseins, das sich zwischen Geburt und Tod erstreckt. Die Relativierungen und Besonderheiten individueller Schicksale und Kulturen werden nach Heidegger erst durch den gemeinsamen Zeithorizont menschlichen Daseins ermöglicht: Dasein ist Sein zum Tod.

Grundlegende Einwände gegen eine Fundamentalontologie der Zeitlichkeit oder spekulative Sinndeutungen oder Erklärungen der Geschichte durch spekulative Universalgesetze wurden z. B. von Karl Popper erhoben. Entsprechende Aussagen bleiben nämlich nach Popper beliebig und unverbindlich, da sie methodisch ungeklärt und daher nicht prüfbar sind. Bereits in neukantianischer Tradition wurde der besondere Status von Zeitaussagen der Geschichtswissenschaft gegenüber solchen der Naturwissenschaften betont. Im Gegensatz zu den gesetzesaufstellenden (nomothetischen) Naturwissenschaften ist die Geschichtsschreibung nach Wilhelm Windelband wie jede Geisteswissenschaft idiographisch, d. h. sie untersucht das Einzelne in seinem einmaligen unwiederholbaren Auftreten.

Nach Georg Simmel und Wilhelm Dilthey kann daher auch nur Verstehen und Einfühlen in diese Besonderheiten die adäquate Methode sein. Diese Position kommt der historischen Schule eines Leopold v. Ranke oder Johann Gustav Droysen entgegen, die sich skeptisch gegenüber spekulativen Bewegungsgesetzen der Geschichte z. B. von Hegel verhält.[1] Bei diesen allgemeinen Aussagen über den Zeitverlauf der Geschichte handelt es sich nach Popper um unbedingte, von Randbedingungen unabhängige Prophezeiungen, die von Prognosen aufgrund von hypothetisch-empirischen Gesetzen der Sozialwissenschaften zu unterscheiden sind. Bereits Max Weber hatte darauf verwiesen, daß sowohl Geschichts- als auch Sozialwissenschaften objektiv kontrollierbare Erklärungsmethoden anstreben, um zeitlich-historisches Geschehen auf allgemeine Regularitäten („Idealtypen') beziehen zu können.[2]

In der analytischen Philosophie und Wissenschaftstheorie untersuchten Autoren wie z.B. Carl Gustav Hempel, Ernest Nagel u.a. eine allgemeine Erklärungsmethode der Natur-, Sozial- und Geschichtswissenschaften, sofern sie als empirische Wissenschaften auftreten wollen.[3] Die neukantianische Unterscheidung zwischen nomothetischen und idiographischen Disziplinen ist dabei insofern obsolet, als auch in den Naturwissenschaften einmalige und unwiederholbare Ereignisse und Prozesse untersucht werden, wie z.B. die irreversible biologische Evolution oder die irreversiblen Prozesse im Sinne der Thermodynamik. Im Rahmen der Theorie komplexer dynamischer Systeme werden fachübergreifend Nebenbedingungen bestimmt, mit denen die Emergenz neuer Gestalten, Organismen, Organisationsformen etc. gesetzmäßig erklärbar wird. Es stellt sich die Frage, welche Aspekte der soziokulturellen Evolution durch diese mathematische Modellierung erfaßt werden können.

2. Zeit in technisch-industriellen Kulturen

Wie kann die zeitliche Entstehung von politischen, sozialen und ökonomischen Ordnungen menschlicher Gesellschaft erklärt werden? Historisch wurden dazu Zeitvorstellungen aus der Natur oder Technik übernommen. Zu Beginn der Neuzeit überträgt Thomas Hobbes die Galileischen und Cartesischen Bewegungsgesetze der Mechanik auf die Anthropologie und Staatslehre. In seinem Modell des Leviathan wird der Staat wie eine zentralistisch gesteuerte Maschine organisiert, in der die Bürger in ihren Funktionen wie Zahnräder ineinandergreifen. Die Physiokraten modellieren das ökonomische System des absolutistischen Staats wie eine mechanische Uhr des 18. Jahrhunderts. Die ökonomische Wechselwirkung zwischen den Landbesitzern (Adel, Kirche), der Landwirtschaft, den Handwerkern und Handel treibenden Bürgern ist streng determiniert. Der ökonomische Zeitablauf wird als Kugelverlauf in den festen Rinnen eines Uhrwerks modelliert, wie sie damals in Gebrauch waren.[4]

Die liberalen Staats- und Wirtschaftsideen eines Locke, Hume und Smith werden auf dem Hintergrund von Zeitvorstellungen der Newtonschen Physik entworfen. Im Unterschied zur Cartesischen Stoß- und Zahnradmechanik, die bei den Physiokraten Pate stand, sieht Newton in seiner Gravitationstheorie Fernkräfte vor, nach denen sich frei schwebende Himmelskörper bei ihren Wechselwirkungen in einem Gleichgewichtszustand einrichten. Ebenso wie die unsichtbare Gravitation in der Physik sollte nach Adam Smith eine ‚unsichtbare Hand‘ (invisible hand) das Marktgleichgewicht von Angebot und Nachfrage organisieren, das in einem ‚natürlichen Preis‘ zum Ausdruck kommt. Smith setzt voraus, daß seine ökonomischen Agenten von Natur aus ihren Nutzen zu maximalisieren suchen.

Der zeitliche Entwicklungsprozeß wird in einer freien Marktwirtschaft nicht von einer zentralen Kontrollinstanz determiniert. Dabei ist Smiths ‚unsichtbare Hand‘ ebensowenig eine mystische Kraft wie die unsichtbare Gravitation Newtons, die das Planetensystem im Gleichgewicht hält. In der Theorie komplexer dynamischer Systeme repräsentieren die natürlichen Preise von Smith einen absoluten Gleichgewichtszustand (‚Attraktor‘), dem das Marktsystem in der Zeit durch lokale Wechselwirkungen seiner Agenten (‚Handel‘) nach dem Gesetz von Angebot und Nachfrage zustrebt. Die ‚unsichtbare Hand‘ meint also Selbstorganisation in einem komplexen ökonomischen System. Wie in der Newtonschen Physik wird bei Smith eine universelle ökonomische Zeitvorstellung vorausgesetzt, auf die alle ökonomischen Agenten bezogen bleiben.

Auf dem Hintergrund der klassischen Physik des 19. Jahrhunderts propagierte die Lausanner Schule wie z.B. Walras oder Pareto das Studium linearer dynamischer Systeme in der Ökonomie. Die Zeitvorstellungen waren der klassischen Mechanik und Thermodynamik des Gleichgewichts entlehnt.

Man sprach von Gleichgewicht, Stabilität, Elastizität, Expansion, Zeitfluß, Druck, Widerstand, Reibung etc. Das individuelle menschliche Verhalten wird als rational und zeitlich voraussagbar (‚homo oeconomicus') unterstellt.

Das zeitliche Gesamtverhalten der Gesellschaft schließt bei linearen Modellen Nichtlinearitäten, Chaos und synergetische Effekte aus. Fixiert auf lineare Gleichgewichtsmodelle, werden sie von den ökonomischen Klassikern sogar verdrängt. So wie Laplace am Himmel unterstellen sie eine ökonomische Wirklichkeit mit einer langfristig berechenbaren Zeitentwicklung. Als offenes System, das in ständigem Stoff- und Energieaustausch mit anderen Märkten und der Natur steht, kann Marktwirtschaft kein Gleichgewichtssystem sein. Analog zu biologischen Ökosystemen wird sie in ständiger Veränderung begriffen sein und empfindlich auf geringste Veränderungen der Randbedingungen reagieren. Kurzfristige Schwankungen von Konsumentenpräferenzen, unflexibles Reagieren im Produktionsverhalten, aber auch Spekulationen auf Rohstoff- und Grundstücksmärkten liefern Beispiele für sensible Reaktionen im Wirtschaftssystem. Daß Fluktuationen im kleinen sich einerseits zu Wachstumsschüben im großen selbst organisieren können (z.B. technische Innovationen wie Webstuhl und Dampfmaschine in der industriellen Revolution), andererseits aber zu chaotischem unkontrollierbaren Verhalten aufschaukeln können (z.B. Börsenkrach), ist eine historische Erfahrung der Jahrhunderte nach Adam Smith.

Tatsächlich sind also Grenzzyklen und Chaos keine Ausnahme, sondern Teile der ökonomischen Wirklichkeit. Zeitentwicklungen in komplexen dynamischen Systemen werden durch Trajektorien in Zustandsräumen dargestellt, die Attraktoren zustreben. Aus der Sicht dieser Theorie wird das zeitliche Verhalten menschlicher Gesellschaften durch die Evolution von (makroskopischen) Ordnungsparametern erklärt (z.B. ökonomische oder soziale Ordnungszustände), die durch nichtlineare Wechselwirkungen von Menschen oder Untergruppen (z.B. Firmen, Institutionen, Staaten) auf der Mikroebene verursacht werden.

Methodisch werden diese Entwicklungen in ökonomischen Zeitreihenanalysen deutlich.[6] Zur Untersuchung chaotischer Konjunkturschwankungen, wie sie z. B. während der großen Wirtschaftsdepression Ende der 20er Jahre auftraten, wurden ursprünglich lineare Modelle benutzt. Um die irregulären Auslenkungen zu verstehen, wurden ad hoc exogene Schocks angenommen, ohne sie allerdings ökonomisch erklären zu können. Das Modell erinnert an eine lineare Saite, deren irreguläre Schwingungen durch Eingriffe von außen erklärt werden. Daß Konjunkturzyklen aber auch endogene bzw. innere Eigenschaften eines ökonomischen Systems sein können, blieb damit unverstanden. Demgegenüber lassen nichtlineare Systeme, in denen die zeitlichen Entwicklungen verschiedener wirtschaftlicher Größen nichtlinear untereinander gekoppelt sind, solche endogenen chaotisch-irregulären Zeitentwicklungen zu, deren Verlauf ebensowenig langfristig vorausberechenbar ist wie eine Planetenbahn beim Poincaréschen Dreikörperproblem.

Ein methodisches Problem ökonomischer Zeitreihenanalyse besteht in empirischen Tests und Bestätigungsgraden. Für die zeitliche Entwicklung technisch-industrialisierter Staaten stehen zwar heute unvergleichbar mehr und bessere Meß- und Beobachtungsdaten zur Verfügung. Im Unterschied zu den Naturwissenschaften mit ihren oft beliebig genauen Messungen und der Möglichkeit experimenteller Überprüfung bleibt die ökonomische Zeitreihenanalyse häufig auf grobe Zeiteinheiten wie ein Tag, ein Jahr oder Monat beschränkt. Die Länge einer Standardzeitreihe beträgt typischerweise einige wenige hundert Einheiten. Daher gibt es bereits empirische Gründe für eine begrenzte Verläßlichkeit ökonomischer Modelle. Empirische Experimente sind natürlich weitgehend ausgeschlossen.

Ein wesentliches Argument für die Verwendung nichtlinearer Zeitreihenanalysen liefern die neuen Strukturänderungen des ökonomischen Wachstums, die durch die Entwicklungen neuer High-Tech-Industrien ausgelöst wurden. Die traditionelle Wirtschaftstheorie geht von Industrien mit abnehmenden Naturressourcen wie z. B. die klassische Stahl-, Öl- und Kohleindustrie aus. Je mehr Güter dieser Art produziert werden und auf den Markt gelangen, um so schwieriger gestalten sich Abbau, Produktion, Lohn und Profit. Die zeitliche Entwicklung klassischer Industrien ist in diesem Sinn durch einen negativen Feedback bestimmt. Demgegenüber sind die neuen Wachstumsindustrien z. B. der Elektronik-, Computer- und Informationstechnologien von Naturressourcen weitgehend unabhängig. Sie sind vielmehr von wachsendem Wissen und Know-How bestimmt und ergeben damit neuartige positive Verstärkungs- und Rückkopplungseffekte.[7]

Auch auf betrieblicher Ebene erlaubt eine Zeitreihenanalyse erstaunliche Einblicke in die Veränderungen der technisch-industrialisierten Lebenswelt. Ein deterministisch-algorithmisches Zeitkonzept nach dem Prinzip der Stechuhr, wie es in der Taylorschen Arbeitslehre entwickelt wurde, taugte ausschließlich für die Situation des angelernten Fließbandarbeiters, der bei der Entwicklung standardisierter Produkte (z. B. Autoindustrie à la Henry Ford) genormte Einzelhandlungen im vorgeschriebenen Zeittakt durchzuführen hatte. In den heute vorliegenden betrieblichen Situationen komplexer wissensbasierter Systeme wird dagegen Urteilsvermögen jedes einzelnen Mitarbeiters in bestimmten Rahmen vorausgesetzt. Selbständige Zeiteinteilung der Arbeit und Koordinierung vor Ort wird daher zu neuen, situationsangepaßten Ordnungsstrukturen führen, die sich vom Kommandosystem traditioneller Bürokratie unterscheiden.

Vom Standpunkt komplexer dynamischer Systeme handelt es sich dabei um Ansätze dissipativer Selbstorganisation. Auch die Langzeitentwicklung von Städten läßt sich durch Phasenübergänge komplexer Systeme simulieren. Stadtentwicklung ist nicht das Ergebnis cartesischer Planungen, sondern langfristiger Selbstorganisationsprozesse. Bei einer Stadt als komplexes soziales System werden auf der Mikroebene regionale Populationsentwicklungen angenommen, deren nichtlineare Wechselwirkung in Abhängigkeit von z. B. Kapazitäts-, Verkehrs-, Freizeit- und Wirtschaftsfaktoren auf der Makroebene zu sich verändernden Siedlungsbildern führen.

Städte, Institutionen, Betriebe und Verwaltungen können

ihre eigenen Zeitrhythmen entwickeln, die an biologische Organismen erinnern. Eine Stadt wie Brasilia ist das seltene Beispiel für eine cartesisch geplante Stadt, die in einem gemeinsamen Stil wie ein technisches System auf einmal konstruiert wurde. Demgegenüber leben in einer Stadt wie Rom verschiedene Zeit- und Stilepochen mit unterschiedlichen Entwicklungsrhythmen nebeneinander. Nach physikalischen und biologischen Zeitmaßen in den Naturwissenschaften, nach psychischem Zeitbewußtsein von Individuen und sozialen Zielvorstellungen von Gruppen können auch die inneren Zeiten von Städten und Staaten, politischen und wirtschaftlichen Systemen und Institutionen unterschieden werden.

Gemeint ist, daß es heute im Bereich der Politik und Wirtschaft keinen universalen Zeitmaßstab mehr gibt, sondern viele politische Teilsysteme, wie z. B. Parlamente, Verwaltungen und Regierungen eigene Zeitperioden ausbilden, die sich mit individuellen Zeitvorstellungen von z. B. handelnden Politikern, aber auch mit Zeitrhythmen der Umwelt (z. B. Kreislauf der Natur), Konjunkturzyklen der Wirtschaft etc. überlagern. Im Detail haben z. B. plebiszitäre und repräsentative, parlamentarische und präsidiale Systeme der Demokratie eigene Zeitstrukturen entwickelt. Empirisch-vergleichende Studien zwischen historisch gewachsenen Regierungssystemen wie Frankreich, England, USA, Schweiz u. a. weisen entsprechende Differenzen auf. Praktische Konsequenzen z. B. beim europäischen Einigungsprozeß liegen auf der Hand.

Politik selbst meint in der Demokratie Herrschaft auf Zeit, die sich in Legislaturperioden und Amtszeiten, in Wahlkampfzeiten, in Zeiten der Regierungsbildung, Tagesordnungen etc. strukturiert. Auch in antiken Kulturen und vorindustriellen Gesellschaften wurde Zeitbestimmung zur politischen Autoritätsbegründung benutzt, die allerdings von universalen Zeitvorstellungen (z. B. astronomische Zeit in Ägypten und Babylonien, Schöpfungsplan im Mittelalter) ausgeht. Kalenderreformen dienten historisch der Herrschaftsformierung, wie die Beispiele römischer Caesaren und Päpste, französischer und russischer Revolutionäre zeigen.

Die Parallele politischer Zeitanalyse mit Begriffen der Physik ist auffallend. Vom 17. bis 19. Jahrhundert ging die klassische Physik Newtons noch von einer absoluten Zeit des Universums aus, auf die alle Uhren im Prinzip mit absoluter Gleichzeitigkeit eingestellt werden könnten. Nach Newtonscher Deutung war die absolute Zeit ebenso die Zeit Gottes, mit der er die Herrschaft in seiner Schöpfung manifestierte. Nach Einstein gibt es jedoch nur die relativen Eigenzeiten der physikalischen Bezugssysteme, für die wegen der Endlichkeit jeder Signalübertragung keine absolute Gleichzeitigkeit bestimmt werden kann. Die Annahme einer universalen Zeit erweist sich als Illusion.

Die Rede von der ‚Eigenzeit‘ politischer Systeme und Institutionen ist zunächst nur eine Analogie der Terminologie der Politikwissenschaft und Soziologie mit der Relativitätstheorie.[8] Die physikalischen Eigenzeiten im Sinne der Relativitätstheorie werden bei der ‚Langsamkeit‘ der betrachteten politischen Systeme auf unserer Erde kaum zu Buche schlagen. Gemeint ist die jeweilige innere Systemzeit, die sich in den je unterschiedlichen irreversiblen Phasenübergängen der Systemevolution zeigt. Die Zeitrhythmen in lebenden Systemen sind dafür nur Beispiele. Jedenfalls wird dadurch deutlich, daß die Rede von den Eigenzeiten bzw. inneren Zeiten politischer und sozialer Systeme und die Kritik universaler Zeitmaßstäbe kein postmoderner Relativismus sind, sondern durch verschiedene Einzelwissenschaften nahegelegt werden.

3. Zeithorizont der technisch-wissenschaftlichen Welt und die Philosophie der Zeit

Die soziokulturelle Evolution führte zur technisch-wissenschaftlichen Welt der Gegenwart. Welcher gemeinsame Zeithorizont gehört zu dieser entstehenden wissenschaftlich gestützten Weltzivilisation? Er wird heute möglich durch ein erdumspannendes Informationsnetz, in dem der einzelne Mensch mit seinem Bewußtsein Teil eines globalen Kommunikationsmediums ist. Geht das Bewußtsein des einzelnen, wie H. Marshall

McLuhan Ende der 70er Jahre prophezeite, in einer Art Weltgehirn mit gemeinsamem Zeitbewußtsein auf? Aus der Verbindung von Rechner- und Telekommunikationstechnologie zeichnet sich mittlerweile eine elektronische Infrastruktur ab, die weitreichende Folgen für Wirtschaft und Gesellschaft nach sich zieht. Der heute vieldiskutierte Übergang von der Industriegesellschaft, die vorwiegend auf materielle Ressourcen baute, zur Informationsgesellschaft, in der immaterielle Werte wie Information und Zeit zu knappen Gütern von Anbieter und Verbraucher werden, ist eine Folge dieser technologischen Innovation. Auffallend ist, daß die Entwicklung keineswegs zentral gesteuert abläuft. Vielmehr bilden sich Ordnungsstrukturen quasi durch Selbstorganisation in einem scheinbaren Chaos von Informationsträgern aus.

Das Concept CSCW (‚Computer Supported Cooperative Work') strebt an, Menschen an verschiedenen Orten in einem virtuellen Raum gleichzeitig zusammenzuführen, um gemeinsam mit denselben Dokumenten und Unterlagen umzugehen. An die Stelle der bloßen zweidimensionalen Visualisierung mit Bildschirmen soll langfristig die dreidimensionale Virtualisierung in Raum und Zeit (z. B. mit der Hologrammtechnik) treten, um Kommunikation jederzeit über kontinentale Entfernung zu ermöglichen. Damit ergeben sich Möglichkeiten, um einen gemeinsamen Zeithorizont der Weltgesellschaft der Menschheit technisch herzustellen.

Was für die einen die Vision grenzenloser und gleichzeitiger Verständigung ist, wird von anderen als die Bedrohung eines Computernetz-Leviathan empfunden. Die Digitalisierung aller menschlichen Ausdrucksformen und globale Abrufung von Information und Personen zu jedem Zeitpunkt ermöglicht nämlich auch Kontrollverfahren, die zur heimlichen Aushöhlung der Freiheitsrechte z. B. durch den Staat oder durch Industriemonopole führen könnten.

Offensichtlich besitzen Computer- und Informationsnetze Eigenschaften sozialer und biologischer Organisationen.[9] Es sind offene komplexe Systeme, deren nichtlineare Wechselwirkungen unterschiedliche Gleichgewichtssituationen ansteuern.

Sie reichen von homogenen Endzuständen über oszillierende Schwankungen bis zum Informationschaos. Der Wettbewerb von Informationseinheiten scheint durch sich selbst organisierende Marktmechanismen bestimmt, die an ökonomische Systeme erinnern. Während die biologische Evolution vergleichsweise langsam aufgrund von biochemischen Zufallsmutationen abläuft, können Veränderungen von technik- und wissenschaftsgestützten Kulturen des Menschen rasch durch unverhoffte Ideen und Innovationen eingeleitet werden.

Während z.B. biologische Systeme auf Gene und Mutationen als Replikatoren und Variationsmechanismen zurückgreifen, liegen ökonomischen Systemen einzelne Firmen, Erfinder und Marktmechanismen zugrunde. Die Replikatoren menschlicher Kulturen sind Informationsmuster, die in frühen Stadien durch Imitation von Mensch zu Mensch und von Generation zu Generation weitergeleitet wurden. In Analogie zu biologischen Genen spricht man auch von ‚Memen‘, die Ideen, Glauben, Meinungen, Verhaltensweisen, Moden, Techniken u.ä. umfassen. Replikatoren menschlicher Kulturen sind also keine Individuen, die unter den Bedingungen biologischer Lebenserwartung ausscheiden, sondern die von ihnen entwickelten Meme, die über Generationen hinweg weiter existieren können.

Offensichtlich haben diese Meme andere ‚Eigenzeiten‘ als die Menschen, die sie mit ihrer Technik und Kultur erzeugt haben und in ihrem Bewußtsein vergegenwärtigen. Nachdem die biologische Evolution in den letzten zehntausend Jahren auf die Veränderung des menschlichen Genpools nahezu folgenlos geblieben ist, veränderten Kultur und Technik die menschliche Denk-, Handlungs- und Gefühlswelt in umfassender Weise. Schon wird darüber spekuliert, daß die herkömmlich genetisch gesteuerte Evolution mit dem Menschen an ihre Grenzen gestoßen sei und sich ein ‚postbiologisches‘ Zeitalter technischer Kulturen abzeichne, die sich ihre Informations- und Vererbungsträger selber schaffen.

Erinnert sei an die technische Entwicklung eines Cyberspace, in dem der Benutzer seinen eigenen Körper in Echtzeit in einem virtuellen dreidimensionalen Raum sieht und fühlt, soweit seine Sinnesorgane technisch simulierbar sind. Als noch dramatischeren Entwicklungsschritt sieht der amerikanische Roboterspzialist H. Moravec eine Art ‚bioadapter' vor, der eine Direktverbindung zwischen Gehirn und Computer herstellt.[10] Die Informationsströme könnten dann, so die Annahme, so lange in die Maschine übertragen werden, bis damit ein vollständiges Duplikat des Ichs eines Menschen aus Fleisch und Blut entstanden wäre: Biochemisches Klonen erscheint gegenüber solchen computertechnischen Visionen geradezu archaisch. Science-fiction-Visionen werden denkbar, in denen Astronauten ihren Originalkörper zurücklassen und zu fernen Sternen aufbrechen. Begriffe wie Lebenszeit, Tod und personale Identität verlieren ihre bisherige Bedeutung, wenn sich Bewußtsein, Intelligenz und Gefühl von ihren Trägern lösen, übertragen, vervielfachen und verändern lassen.

Moravecs computertechnische Spekulationen über neue Zeit- und Bewußtseinsformen konvergieren mit den kosmologischen Szenarien, die der Physiker F. J. Dyson bereits Ende der 70er Jahre in seiner Arbeit *Time without End* entwarf.[11] Es geht um nicht weniger als die Unsterblichkeit im Modell eines endlos expandierenden Universums. Auch hier suchen sich kosmische Zivilisationen geeignete Träger aus, um kosmische Katastrophen langfristig zu überleben. Computer und Roboter einer bestimmten Struktur werden dabei als intelligente Lebensformen betrachtet, in denen sich die biologische Evolution in neuer Weise fortsetzt.

Mit diesen technisch und wissenschaftlich motivierten Spekulationen sind die Grauzonen des gegenwärtigen Zeithorizontes der Menschheit erreicht. In einer technisch und wissenschaftlich verbrämten Sprache werden ihre alten Mythen über Zeit und Ewigkeit weitergesponnen. Der Ausgangspunkt ist ein sich veränderndes Zeitbewußtsein in der soziokulturellen Evolution. Dabei ist die Emergenz von Bewußtsein, soweit wir heute wissen, selbst das Ergebnis einer biologischen Evolution, in der sich Gehirne als komplexe dynamische Systeme mit charakteristischen inneren Zeiten entwickeln konnten. Die biologische Evolution lebender Organismen fern des thermischen Gleichgewichts ist Teil einer physikalisch-kosmischen Evolution, die in Phasenübergängen die Emergenz neuer Gestalten, Formen und Systeme ermöglicht.

Als Ergebnisse von Selbstorganisationen sind die Evolutionsprozesse keineswegs global gesteuert, sondern durch lokale Wechselwirkungen in komplexen Systemen unter bestimmten Nebenbedingungen bestimmt. Jede dieser Emergenzstufen ist durch charakteristische innere Zeiten bestimmt, die sich im Laufe einer komplexen Evolution in einer komplexen Zeithierarchie überlagern.

Dabei bezieht sich die innere Zeit eines komplexen dynamischen Systems auf seine irreversible Zustandsentwicklung, die sich in seinen möglichen Trajektorien und Attraktoren, d. h. den Zielzuständen der Trajektorien unter bestimmten Nebenbedingungen, zeigt. Diese dissipative und konservative Selbstorganisation vollzieht sich in charakteristischen Phasenübergängen an charakteristischen Bifurkationspunkten und ist damit das Ergebnis zeitlicher Symmetriebrechungen. Kurz: Die innere (,irreversible') Zeit eines komplexen Systems meint die Symmetriebrechungen seiner Dynamik, die mathematisch durch einen Operator (,Zeitoperator') beschrieben werden.

Die innere Zeit ist also der Zeitbegriff einer Heraklit-Welt – irreversibel, dynamisch und in ständiger Veränderung. Demgegenüber steht heute noch die Parmenides-Welt der Relativitätstheorie und Quantenmechanik mit ihren unveränderlichen zeitsymmetrischen Gesetzen, in denen Zeit nur ein invarianter Parameter und kein dynamischer Operator ist. Eine vereinigte Theorie von Quantenfeldtheorien und Thermodynamik, aus der sich irreversible Prozesse ableiten lassen, ist bis heute nur in Entwürfen bekannt, die keinesfalls theoretisch abschließend geklärt oder gar empirisch bestätigt sind.

Erinnert sei an Penroses Hoffnung auf eine vereinigte Theorie von (linearer) Quantenmechanik und (nichtlinearer) relativistischer Gravitationstheorie, an v. Weizsäckers Vorschlag einer Logik der Zeit, aus der Quantenmechanik, Relativitätstheorie und Thermodynamik direkt ableitbar sein sollen, und an Prigogines Entwurf eines Zeitoperators zur Charakterisierung der inneren Zeit als Symmetriebrechung. Ob menschliches Bewußtsein jemals in der Lage sein wird, eine solche vereinigte kosmologische Theorie zur Erklärung der Zeit abschließend zu begründen, ist prinzipiell nicht ausgeschlossen, aber auch keinesfalls sicher.

Unsere Zeittheorien werden zwar im menschlichen Bewußtsein entworfen und sind in diesem Sinne von ihm abhängig. Darin hat Kants Transzendentalphilosophie recht. Unsere Zeittheorien weisen aber ebenso über das menschliche Bewußtsein hinaus. Sie entwerfen nämlich eine kosmische, physikalische und biologische Evolution mit je charakteristischen inneren Zeitentwicklungen, in denen die Emergenz des menschlichen Zeitbewußtseins, das über sie reflektiert, erst möglich wurde. Darin haben alle diejenigen Philosophen recht, die Zeit schon vor und unabhängig von menschlichem Dasein als fundamentale Struktur von Sein vermuteten.

An dieser Stelle wird auch die Rolle von Philosophie in der Zeitdiskussion deutlich. Sie ist Kern und Einheit der vielfältigen Forschungsaktivitäten von physikalischen, biologischen, psychologischen, historischen, kulturellen und lebenswesentlichen Zeittheorien. Die Philosophie der Zeit ist damit zwar mit den Einzelwissenschaften vernetzt, aber letztere auch mit ihr. Philosophie ist zentraler Teil des Forschungsprozesses, fallibel und korrekturbedürftig wie alle Forschung, denkt aber im Unterschied zu den Einzelwissenschaften die Teile zusammen, koordiniert, hinterfragt kritisch die fachwissenschaftlichen Teilperspektiven, treibt so Forschung an und schafft gleichzeitig Distanz für Reflexionen, hält den Horizont offen und verhindert einseitige Reduktionismen. Am Ende dieses Jahrtausends wissen wir bereits einiges über die gemeinsamen Strukturen physikalischer, biologischer, psychologischer, historischer, kultureller, lebensweltlicher und philosophischer Zeitverständnisse. Wir wissen aber auch von ihren Brüchen.

Anmerkungen

(Kurztitel beziehen sich auf das Literaturverzeichnis)

I. Zeit im antiken und mittelalterlichen Weltbild

1. Whitrow (1988): *Time in History*, S. 24
2. O. Neugebauer, *A History of Ancient Mathematical Astronomy*, Berlin/Heidelberg/New York 1975; K. Mainzer, *Geschichte der Geometrie*, Mannheim/Wien/Zürich 1980, S. 24
3. Diels-Kranz, *Die Fragmente der Vorsokratiker*, Berlin ^{10}1960/1961, 22 B 64, B 30
4. Ferber (1981): *Zenons Paradoxien*
5. Platon, *Timaios* 37 D,c
6. Aristoteles, *Die Lehrschriften* (Übers. P. Gohlke), Bd. IV. 1, Paderborn 1956, 219 b
7. Aristoteles, *De interpretatione* 9 (19 a 28–32). Vgl. auch N. Rescher/ A. Urquhart, *Zeit und Zeitlogik*, in: Kienzle (1994): *Zustand und Ereignis*, S. 27–97
8. G. H. von Wright, *Determinismus, Wahrheit und Zeitlichkeit. Ein Beitrag zum Problem der zukünftigen kontingenten Wahrheiten*, in: Studia Leibnitiana 6 (1974), S. 161–178
9. Augustinus, *Bekenntnisse* (Übers. W. Thimme), Zürich ³1982, XI. Buch
10. Flasch (1993): *"Was ist Zeit?"*
11. K. Mainzer/J. Mittelstraß, *Ptolemaios*, in: Mittelstraß (1995): *Enzyklopädie* III
12. Borst (1988): *Computus*

II. Zeit im Weltbild der klassischen Physik

1. H.-D. Ebbinghaus/H. Hermes/F. Hirzebruch/M. Koecher/K. Mainzer/ J. Neukirch/A. Prestel/R. Remmert, *Zahlen*, Berlin/Heidelberg/New York ³1992, S. 255 ff.
2. I. Newton, *Mathematische Prinzipien der Naturlehre* (Hrsg. J. P. Wolfers), Berlin 1872, repr. Darmstadt 1963, S. 25; vgl. auch K. Mainzer/ J. Mittelstraß, *Newton*, in: Mittelstraß (1984): *Enzyklopädie* II
3. G. W. Leibniz, *Hauptschriften zur Grundlegung der Philosophie*, Bd. 1, Hrsg. E. Cassirer, Übers. A. Buchenau, Leipzig 1904, S. 136
4. M. Jammer, *Das Problem des Raumes. Die Entwicklung der Raumtheorien*, Darmstadt 1960
5. P. Mittelstaedt, *Klassische Mechanik*, Mannheim/Wien/Zürich 1970, S. 47 f.; Mittelstaedt (1980): *Der Zeitbegriff*
6. K. Mainzer, *Philosophie und Geschichte der Raum-Zeit*, in: Audretsch/Mainzer (1994): *Raum-Zeit*, S. 28 ff.

7 I. Kant, *Kritik der reinen Vernunft* (^{2}1787)
8 H. Reichenbach (1928): *Philosophie der Raum-Zeit-Lehre,* Zweiter Abschnitt
9 Janich (1980): *Protophysik der Zeit;* P. Lorenzen, *Zur Definition der vier fundamentalen Meßgrößen,* in: Philosophia Naturalis 16 (1976), S. 1-9

III. Relativistische Raum-Zeit

1 A. Einstein, *Zur Elektrodynamik bewegter Körper,* in: Ann. Phys. 17 (1905), S. 891-921
2 Audretsch/Mainzer (1994): *Raum-Zeit,* S. 39 f; Whitrow (1980): *Natural Philosophy of Time,* S. 224 ff.
3 Weyl (1961): *Raum, Zeit, Materie,* S. 219 ff.
4 Audretsch/Mainzer (1990): *Vom Anfang der Welt,* S. 32
5 R. Penrose, *Gravitational Collapse and Space-Time Singularities,* in: Phys. Rev. Lett. 14 (1965), S. 57-59; S. W. Hawking/R. Penrose, *The Singularities of Gravitational Collapse and Cosmology,* in: Proc. Roy. Soc. (London) A 314 (1970), S. 529-548
6 Audretsch/Mainzer (1990): *Vom Anfang der Welt,* S. 93 ff.
7 S. Weinberg, *Gravitation and Cosmology. Principles and Applications of the General Theory of Relativity,* New York 1972, S. 408

IV. Zeit und Quantenwelt

1 B. D'Espagnat, *Conceptual Foundations of Quantum Mechanics,* Reading Mass. 1976; M. Jammer, *The Philosophy of Quantum Mechanics. The Interpretations of Quantum Mechanics in Historical Perspective,* New York 1974
2 Audretsch/Mainzer (1990): *Schrödingers Katze*
3 H. Everett, *„Relative State" Formulation of Quantum Mechanics,* in: Review of Modern Physics 29 (1957), S. 454-462; J. A. Wheeler, *Assessment of Everett's „Relative State" Formulation of Quantum Theory,* in: Review of Modern Physics 29 (1957), S. 463-465
4 R. Penrose, *Newton, Quantum Theory and Reality,* in: S. Hawking/W. Israel (eds.), *300 Years of Gravity,* Cambridge 1987
5 B. Misra/G. Sudarshan, *The Zeno's Paradox in Quantum Theory,* in: Journal of Mathematical Physics 18 (1977), S. 756
6 J. Schwinger, *A Report on Quantum Electrodynamics,* in: J. Mehra (ed.), *The Physicist's Conception of Nature,* Dordrecht/Boston 1973, S. 413-426
7 J. H. Christenson/J. W. Cronin/V. L. Fitch/R. Turlay, Physical Review Letters 13 (1964), S. 13
8 Mainzer (1988): *Symmetrien der Natur,* S. 478 ff.
9 Weizsäcker (1985): *Aufbau der Physik*

10 Mainzer (1988): *Symmetrien der Natur*, S. 503 ff.
11 J. D. Barrow/F. Tipler, *The Anthropic Cosmological Principle*, Oxford 1986
12 J. B. Hartle/S. W. Hawking, *Wave Function of the Universe*, in: Phys. Rev. D 31 (1983), S. 1777; Hawking (1988): *Geschichte der Zeit*

V. Zeit und Thermodynamik

1 I. Schneider, *Rudolph Clausius' Beitrag zur Einführung wahrscheinlichkeitstheoretischer Methoden in der Physik der Gase nach 1856*, in: Archive for History of Exact Sciences 14 (1974/75), S. 237–261
2 L. Boltzmann, *Über die mechanische Bedeutung des Zweiten Hauptsatzes der Wärmetheorie* (1866), in: ders., *Wissenschaftliche Abhandlungen*, hrsg. F. Hasenöhrl, Bd.1, Leipzig 1909, repr. New York 1968, S. 9–33
3 A. Einstein, *Über die von der molekularkinetischen Theorie der Wärme geforderte Bewegung von in ruhenden Flüssigkeiten suspendierten Teilchen*, in: Annalen der Physik 17 (1905), S. 549–560
4 H. Poincaré, *Sur les tentatives d' explication méchanique des principes de la thermodynamique*, in: Comptes rendus de l'Académie des sciences 108 (1889), S. 550–553; E. Zermelo, *Über einen Satz der Dynamik und die mechanische Wärmetheorie*, in: Annalen der Physik 57 (1896), S. 485 ff.
5 P. u. T. Ehrenfest, *Zur Theorie der Entropiezunahme in der statistischen Mechanik von Gibbs*, in: Wien. Berichte 115 (1906), S. 89 ff.
6 J. Meixner, *Die thermodynamische Theorie der Relaxationserscheinungen und ihr Zusammenhang mit der Nahwirkungstheorie*, in: Kolloid Zeitschrift 134 (1953), S. 3
7 I. Prigogine, *Introduction to Non-Equilibrium Statistical Physics*, München 1966; Haken (1978): *Synergetics*
8 G. Nicolis/I. Prigogine, *Die Erforschung des Komplexen*, München 1987, S. 109; Mainzer (1994): *Thinking in Complexity*
9 Mainzer/Schirmacher (1994): *Quanten, Chaos und Dämonen*, S. 38 ff.
10 V. I. Arnold, *Small Denominators II, Proof of a Theorem of A. N. Kolmogorov on the Preservation of Conditionally-Periodic Motions and a small Pertubation of the Hamiltonian*, in: Russ. Math. Surveys 18 (1963), S. 5; A. N. Kolmogorov, *On Conservation of Conditionally-Periodic Motions for a small Change in Hamilton's Function*, in: Dokl. Akad. Nank. USSR 98 (1954), S. 525; J. Moser, *Convergent Series Expansions of quasi-periodic Motions*, in: Math. Ann. 169 (1967), S. 163
11 H. Haken, *Laser Theory*, in: Encyclopedia of Physics XXV/2c, Berlin/Heidelberg/New York 1970
12 Prigogine (1985): *Vom Sein zum Werden*, S. 240 ff.

VI. Zeit und Leben

1. H. Spencer, *Structure, Function, and Evolution,* ed. S. Andrenski, London 1971
2. W. Thompson, *The Sorting Demon of Maxwell* (1879), in: ders., *Mathematical and Physical Papers* I–VI, Cambridge 1882–1911, V, S. 21–23
3. E. P. Fischer/K. Mainzer (1990): *Die Frage nach dem Leben*
4. M. Eigen/P. Schuster, *The Hypercycle,* Heidelberg 1979
5. Haken (1978): *Synergetics;* Mainzer (1988): *Symmetrien der Natur,* S. 573 ff.; Mainzer (1994): Thinking in Complexity; Prigogine (1985): *Vom Sein zum Werden*
6. I. Prigogine, *Order through Fluctuation: Self-Organization and Social System,* in: E. Jantsch/C. H. Waddington (eds.), *Evolution and Consciousness. Human Systems in Transition,* London/Amsterdam 1976, S. 93–126
7. A. M. Turing, *The Chemical Basis of Morphogenesis,* in: Phil. Trans. Roy. Society (London) B 237 (1952), S. 37; G. Gerisch, *Periodische Signale steuern Musterbildung in Zellverbänden,* in: Naturwissenschaften 58 (1971), S. 430–438
8. B. Hess/M. Markus, *Chemische Uhren,* in: A. Dress/H. Hendrichs/G. Küppers (Hrsg.), *Selbstorganisation. Die Entstehung von Ordnung in Natur und Gesellschaft,* München 1986, S. 61–79
9. K. Mainzer, *Chaos und Selbstorganisation als medizinische Paradigmen,* in: W. Deppert/H. Kliemt/B. Lohff/J. Schaefer (Hrsg.), *Wissenschaftstheorien in der Medizin,* Berlin/New York 1992, S. 225–258
10. Winfree (1987): *Time Breaks Down*

VII. Zeit und Bewußtsein

1. Mainzer (1994): *Computer*
2. D. O. Hebb, *The Organization of Behavior,* New York 1949
3. G. W. Leibniz, *Monadologie* § 17
4. T. Kohonen, *Self-Organization and Associative Memory,* Berlin/Heidelberg/New York 1984, ³1989
5. L. Ciompi, *Die Hypothese der Affektlogik,* in: Spektrum der Wissenschaft Februar 1993, S. 76–87
6. H. Flohr, *Brain Processes and Phenomenal Consciousness. A New and Specific Hypothesis,* in: Theory and Psychology 1 (1991), S. 245–262
7. H. Bergson, *Einführung in die Metaphysik,* Jena 1909, S. 5
8. E. Pöppel, *Eine neuropsychologische Definition des Zustands „bewußt",* in: ders. (1989): *Gehirn und Bewußtsein,* S. 17–32
9. J. F. Traub (ed.), *Algorithms and Complexity: New Directions and Recent Results,* New York 1976
10. D. Deutsch, *Quantum Theory, the Church-Turing Principles and the*

Universal Quantum Computer, in: Proc. Roy. Soc. (London) A 400 (1985), S. 97–117
11 Farmer e.a. (1984): *Cellular Automata*
12 Eckmiller e.a. (1990): *Parallel Processing*

VIII. Zeit in Geschichte und Kultur

1 J. G. Droysen, *Historik* I, Hrsg. P. Leyh, Stuttgart/Bad Cannstatt 1977
2 M. Weber, *Gesammelte Aufsätze zur Wissenschaftslehre,* Tübingen 1922, [4]1973, S. 532f.
3 A. C. Danto, *Analytical Philosophy of History,* Cambridge 1965; W. H. Dray, *Laws and Explanation in History,* London 1957, [2]1964; C. G. Hempel, *Aspects of Scientific Explanation, and Other Essays in the Philosophy of Science,* New York 1965; O. Schwemmer, *Theorie der rationalen Erklärung. Zu den methodischen Grundlagen der Kulturwissenschaften,* München 1976
4 H. Rieter, *Quesnays Tableau Economique als Uhren-Analogie,* in: H. Scherf (Hrsg.), *Studien zur Entwicklung der ökonomischen Theorie* IX, Berlin 1990, S. 73
5 Mainzer (1994): *Thinking in Complexity,* Chapter 6
6 R. M. Goodwin, *Chaotic Economic Dynamics,* Oxford/New York 1990, S. 113
7 W. B. Arthur/J. M. Ermoliew/J. M. Kaniowski, *Pathdependent Processes and the Emergence of Macro-structure,* in: European Journal of Operational Research 30 (1987), 294–303; Mainzer (1994): *Thinking in Complexity*
8 Nowotny (1989): *Eigenzeit*
9 Mainzer (1994): *Computer,* S. 537ff.
10 H. Moravec, *Mind and Children. Der Wettlauf zwischen menschlicher und künstlicher Intelligenz,* Hamburg 1990; G. Kaiser/D. Matejovski/J. Fedrowitz (Hrsg.), *Kultur und Technik im 21. Jahrhundert,* Frankfurt/New York 1993
11 F. Dyson, *Time without End: Physics and Biology in an Open Universe,* in: Reviews of Modern Physics 51 (1979), S. 447–460

Literaturverzeichnis

Aichelburg, P. C. (Hrsg.), *Zeit im Wandel der Zeit*, Braunschweig/Wiesbaden 1988

Audretsch, J./Mainzer, K. (Hrsg.), *Philosophie und Physik der Raum-Zeit*, Mannheim/Wien/Zürich 1988, ²1994

Audretsch, J./Mainzer, K. (Hrsg.), *Vom Anfang der Welt. Wissenschaft, Philosophie, Religion, Mythos*, München 1989, ²1990

Audretsch, J./Mainzer, K. (Hrsg.), *Wieviele Leben hat Schrödingers Katze? Zur Physik und Philosophie der Quantenmechanik*, Mannheim/Wien/Zürich 1990, Heidelberg ²1996

Bachelard, G., *La Dialectique de la durée*, Paris 1936

Barger, H. (Hrsg.), *Zeit, Natur und Mensch*, Berlin 1986

Baumgartner, H. M. (Hrsg.), *Das Rätsel der Zeit. Philosophische Analysen*, Freiburg/München 1993

Bergson, H., *Zeit und Freiheit*, Jena 1911

Bieri, P., *Zeit und Zeiterfahrung. Exposition eines Problembereichs*, Frankfurt a. M. 1972

Blumenberg, H., *Lebenszeit und Weltzeit*, Frankfurt a. M. 1986

Böhme, G., *Zeit und Zahl. Studien zur Zeittheorie bei Platon, Aristoteles, Leibniz und Kant*, Frankfurt a. M. 1974

Borst, A., *Computus. Zeit und Zahl im Mittelalter*, Deutsches Archiv für Erforschung des Mittelalters (Heft 1), Köln/Wiesbaden 1988

Burger, H., *Zeit, Natur, Mensch. Beiträge von Wissenschaftlern zum Thema Zeit*, Berlin 1986

Carr, H. W., *Henri Bergson: The Philosophy of Change*, New York 1970

Coveney, P., Highfield, R., *Anti-Chaos: Der Pfeil der Zeit in der Selbstorganisation des Lebens*, Hamburg 1992 (engl. London 1990)

Cramer, F., *Der Zeitbaum. Grundlegung einer allgemeinen Zeittheorie*, Frankfurt a. M./Leipzig 1993

Davies, P. C. W., *The Physics of Time Asymmetry*, London 1974

Denbigh, K. G., *Three Concepts of Time*, Berlin/Heidelberg/New York 1981

Deppert, W., *Zeit. Die Begründung des Zeitbegriffs, seine notwendige Spaltung und der ganzheitliche Charakter seiner Teile*. Stuttgart 1989

Dux, G., *Die Zeit in der Geschichte. Ihre Entwicklungslogik vom Mythos zur Weltzeit*, Frankfurt a. M. 1989

Earman, J., *World Enough and Space Time*, Cambridge/Mass. 1989

Ebeling, W./Engel, H./Herzel, H. P., *Selbstorganisation in der Zeit*, Berlin 1990

Eckmiller, R./Hartmann, G./Hauske, G. (eds.), *Parallel Processing in Neural Systems and Computers*, Amsterdam/New York/Oxford 1990

Elias, N., *Über die Zeit*, hrsg. von Schröter, M. Frankfurt a. M. 1989

Farmer, D./Tommaso, T./Wolfram, S. (eds.), *Cellular Automata*, Amsterdam/New York/Tokyo 1984

Ferber, H., *Zenons Paradoxien der Bewegung und die Struktur von Raum und Zeit*, München 1981

Fischer, E. P./Mainzer, K. (Hrsg.), *Die Frage nach dem Leben*, München/Zürich 1990

Flasch, K., *„Was ist Zeit?" Augustinus von Hippo. Das XI. Buch der Confessiones. Historisch-philosophische Studie*, Frankfurt 1993

Fraasen, B. C. van, *An Introduction to the Philosophy of Time and Space*, New York 1970

Frank, M., *Zeitbewußtsein*, Pfullingen 1990

Fraser, J. T., *Die Zeit. Auf den Spuren eines vertrauten und doch fremden Phänomens*, München 1992

Freeman, E./Sellars W. (eds.), *Basic Issues in the Philosophy of Time*, La Salle (Ill.) 1971

Friedman, M., *Foundations of Space-Time Theories*, Princeton 1983

Gale, R. M. (ed.), *The Philosophy of Time. A Collection of Essays*, London 1968

Gent, W., *Das Problem der Zeit. Eine historische und systematische Untersuchung*, Hildesheim 1965

Gold T. (ed.), *The Nature of Time*, Ithaca (N. Y.) 1967

Griffin, D. R. (ed.), *Physics and the Ultimate Significance of Time. Bohm, Prigogine and Process Philosophy*, New York 1985

Grünbaum, A., *Philosophical Problems of Space and Time*, New York 1963, Dordrecht ²1973

Gumin, H./Meier, H., *Die Zeit. Dauer und Augenblick*, München 1983

Haken, H., *Synergetics. Nonequilibrium Transitions and Self-Organisation in Physics, Chemistry and Biology*, Berlin/Heidelberg/New York 1978

Hawking, S. W., *Eine kurze Geschichte der Zeit. Die Suche nach der Urkraft des Universums*, Reinbek bei Hamburg 1988 (engl. New York/Toronto 1988)

Heidegger, M., *Der Begriff der Zeit. Vortrag vor der Marburger Theologenschaft 1924*, hrsg. von H. Tietjen, Tübingen 1989

Heinemann, G. (Hrsg.), *Zeitbegriff. Ergebnisse des interdisziplinären Symposions „Zeitbegriff der Naturwissenschaften, Zeiterfahrung und Zeitbewußtsein"*, Freiburg/München 1986

Held, M./Geißler, K. A., *Ökologie der Zeit. Vom Finden der rechten Zeitmaße*, Stuttgart 1993

Hierholzer, K./Wittmann, H.-G., *Phasensprünge und Stetigkeit in der natürlichen und kulturellen Welt*, Stuttgart 1988

Horwich, P., *Asymmetries in Time. Problems in the Philosophy of Science*, Cambridge (Mass.) 1987

Hörz, H., *Philosophie der Zeit. Zeitverständnis in Geschichte und Gegenwart*, Berlin 1989

Janich, P., *Die Protophysik der Zeit. Konstruktive Begründung und Geschichte der Zeitmessung*, Frankfurt 1980

Kamper, D./Wulf, Chr. (Hrsg.), *Die sterbende Zeit. Zwanzig Diagnosen*, Darmstadt/Neuwied 1987

Kienzle, B. (Hrsg.), *Zustand und Ereignis*, Frankfurt 1994

Kornwachs, K. (Hrsg.), *Offenheit – Zeitlichkeit – Komplexität. Zur Theorie der offenen Systeme*, Frankfurt a. M./New York 1984

Levinas, E., *Die Zeit und der Andere*, Hamburg 1984 (franz.: Montpellier 1979)

Lorenzen, P., *Die Entstehung der exakten Wissenschaften*, Berlin/Göttingen/Heidelberg 1960

Mainzer, K., *Symmetrien der Natur. Ein Handbuch zur Natur- und Wissenschaftsphilosophie*, Berlin/New York 1988 (engl. New York 1996)

Mainzer, K., *Computer – Neue Flügel des Geistes? Die Evolution computergestützter Technik, Wissenschaft, Kultur und Philosophie*, Berlin/New York 1994, ²1995

Mainzer, K., *Thinking in Complexity. The Complex Dynamics of Matter, Mind, and Mankind*, Berlin/Heidelberg/New York 1994, ²1996 (japan. Tokyo 1996)

Mainzer, K./Schirmacher W. (Hrsg.), *Quanten, Chaos und Dämonen. Erkenntnistheoretische Aspekte der modernen Physik*, Mannheim/Leipzig/Wien/Zürich 1994

McTaggart, J. M. E., *The Unreality of Time* in: Mind 17 1908, 457

Mittelstaedt, P., *Der Zeitbegriff in der Physik*, Mannheim/Wien/Zürich 1980

Mittelstraß, J. (Hrsg.), *Enzyklopädie Philosophie und Wissenschaftstheorie*, Bde 1–3, Mannheim/Wien/Zürich 1980 ff.

Nowotny, H., *Eigenzeit. Entstehung und Strukturierung eines Zeitgefühls*, Frankfurt a. M. 1989

Paflik, H. (Hrsg.), *Das Phämomen Zeit in Kunst und Wissenschaft*, Weinheim 1987

Piaget, J., *Die Bildung des Zeitbegriffs beim Kinde*, Zürich 1955 (franz.: Paris 1946)

Pöppel, E. (Hrsg.), *Gehirn und Bewußtsein*, Weinheim 1989

Prigogine, I., *Vom Sein zum Werden. Zeit und Komplexität in den Naturwissenschaften*, München 1979

Prior, A. N., *Past, Present, and Future*, Oxford 1967

Reichenbach, H., *Philosophie der Raum-Zeit-Lehre*, Berlin/Leipzig 1928

Reichenbach, H., *The Direction of Time*, Berkeley 1971

Rescher, N./Urquhart, A., *Temporal Logic*, Wien 1971

Sherover, Ch. M., *Heidegger, Kant, and Time*, Bloomington/London 1971

Sklar, L., *Space, Time and Spacetime*, Berkeley 1974

Smart, J. J. C. (ed.), *Problems of Space and Time*, New York 1964

Sommer, M., *Lebenswelt und Zeitbewußtsein*, Frankfurt a. M. 1990

Susman, M., *Growth and Development*, Englewood Cliffs 1964

Tholen, G. Ch. u. Scholl, M. O. (Hrsg.), *Zeit-Zeichen. Aufschübe und Interferenzen zwischen Endzeit und Echtzeit*, Weinheim 1993

Toulmin, S./Goodfield, J., *Entdeckung der Zeit*, München 1970 (engl. London 1965)

Ubbelohde, A. R., *Time and Thermodynamics*, London 1947

Vukiçeviç, V., *Logik und Zeit in der phänomenologischen Philosophie Martin Heideggers (1925–1928)*, Hildesheim/Zürich/ New York 1988

Weis, K. (Hrsg.), *Was ist Zeit? Zeit und Verantwortung in Wissenschaft, Technik und Religion*, München 1994, ²1995

Weizsäcker, C. F. v., *Zeit und Wissen*, München/Wien 1992

Weizsäcker, C. F. v., *Aufbau der Physik*, München/Wien 1985

Weizsäcker, C. F. v./Rudolph, E. (Hrsg.), *Zeit und Logik bei Leibniz*, Stuttgart 1989

Weizsäcker, E. U. v. (Hrsg.), *Offene Systeme I. Beiträge zur Zeitstruktur von Information, Entropie und Evolution*, Stuttgart 1986

Wendorff, R., *Zeit und Kultur. Geschichte des Zeitbewußtseins in Europa*, Opladen 1980

Weyl, H., *Raum, Zeit, Materie. Vorlesungen über Allgemeine Relativitätstheorie*, Darmstadt 1961

Winfree, A. T., *When Time Breaks Down: The Three-Dimensional Dynamics of Electronical Waves and Cardiac Arrhythmias*, Princeton 1987

Whitrow, G. J., *Time in History. Views of Time from Prehistory to the Present Day*, Oxford/New York 1988

Whitrow, G. J., *The Natural Philosophy of Time*, London/Edinburgh 1961, Oxford ²1980

Whitrow, G. J., *Die Erfindung der Zeit*, Hamburg 1991

Wright, G. H. von, *Time, Change, and Contradiction*, Cambridge 1968

Zeh, H. D., *Die Physik der Zeitrichtung*, Berlin/Heidelberg/New York 1984

Zimmerli, W. C./Sandbothe, M. (Hrsg.), *Klassiker der modernen Zeitphilosophie*, Darmstadt 1993

Zoll, R. (Hrsg.), *Zerstörung und Wiederaneignung der Zeit*, Frankfurt a. M. 1988

Personenregister

Achilles 19, 22
Aristoteles 18, 21–23, 25, 26, 87, 110
Arnold, Vladimir Igorevich 83
Augustinus 8, 9, 25, 110
Augustus 29

Barrow, Isaac 34
Bergson, Henri Louis 7, 88, 99, 103, 113
Bohr, Niels 57, 106
Boltzmann, Ludwig 10, 75–79, 90
Brouwer, Luitzen Egbertus Jan 40
Buddha 27, 113

Cäsar 29
Clausius, Rudolf 75
Comte, Auguste 111, 112

Darwin, Charles Robert 10, 89, 90, 93
Demokrit 20, 21
Dionysius Exiguus 30
Dilthey, Wilhelm 114
Droysen, Johann Gustav 114
Dyson, Freeman John 124

Eddington, Sir Arthur Stanley 50
Ehrenfest, Paul 78
Eigen, Manfred 92, 94
Einstein, Albert 7, 8, 43–45, 48–51, 53, 57, 61, 68, 71, 77, 82, 99, 121
Euler, Leonhard 8, 36
Everett, Hugh 61

Ford, Henry 119

Galilei, Galileo 32, 33, 45
Gödel, Kurt 55

Goethe, Johann Wolfgang von 112
Gregor XIII 29

Haken, Hermann 10, 91
Haller, Albrecht 89
Hamilton, Sir William Rowan 40, 58
Hartle, Jim 71
Hawking, Stephan W. 9, 53, 71
Hebb, Donald 100
Hegel, Georg Wilhelm Friedrich 111, 112, 114
Heidegger, Martin 114
Heisenberg, Werner 19, 58, 70
Hempel, Carl Gustav 115
Heraklit 7, 18, 20, 39
Herodot 110
Hertz, Heinrich 44
Hobbes, Thomas 115
Hubble, Edwin Powell 52
Hume, David 116
Huygens, Christiaan 33, 36, 45, 74

Jaspers, Karl 113, 114

Kant, Immanuel 8, 39–41, 69, 111, 126
Kelvin, Lord William 90
Kepler, Johannes 32, 33
Kolmogorov, Andrei Nikolajewitsch 83
Konfuzius 113
Kopernikus, Nikolaus 32

Lagrange, Joseph Louis 8
Lange, Ludwig 37
Laotse 113
Laplace, Pierre Simon Marquis de 117
Lee, Tsung Dao 65

Leibniz, Gottfried Wilhelm 8, 33, 35, 36, 38, 82, 101
Locke, John 116
Lorentz, Hendrik Antoon 45
Lorenz, Edward 84
Loschmidt, Joseph 77
Lyell, Sir Charles 90

Mach, Ernst 41, 42
Mainzer, Klaus 47
Marx, Karl 111
Marshall Mc Luhan, Herbert 121
Maxwell, James Clerk 44, 45, 76, 90
Meixner, Josef 79
Minkowski, Hermann 46
Misra, Baidyanath 62
Monod, Jacques L. 92
Moravec, Hans 124
More, Henry 34
Moser, Jürgen 83

Neumann, John von 108
Nagel, Ernest 115
Newton, Sir Isaac 8, 32–36, 38, 39, 41, 42, 44, 74, 82, 116, 121
Nietzsche, Friedrich W. 112

Oresme, Nikolaus von 31, 34

Pareto, Vilfredo 116
Parmenides von Elea 7, 18, 20, 39
Penrose, Roger 9, 53, 55, 61, 71, 125
Planck, Max 53, 57, 58, 70
Platon 21
Plotin 26
Pöppel, Ernst 104
Poincaré, Henri 42, 77, 83, 118
Popper, Sir Karl Raimund 114
Prigogine, Ilya 10, 87, 88, 91, 126

Proust, Marcel 103
Ptolemaios 28, 30
Pythagoras 21, 46

Ranke, Leopold von 114
Reichenbach, Hans 42, 43
Rutherford, Ernest, Lord R. 57

Salam, Abdus 66
Schrödinger, Erwin 58
Schuster, Peter 92
Simmel, Georg 114
Smith, Adam 116, 117
Spencer, Herbert 10, 89, 90, 112
Spengler, Oswald 112, 113
Sudarshan, George 62

Taylor, Brook 119
Theon von Alexandrien 30
Thomson (s. a. Lord Kelvin) 90
Thukydides 110
Toynbee, Arnold Joseph 113

Verhulst, Pierre-François 94
Vico, Giambattista 110, 111

Walras, Léon 116
Ward, John C. 66
Weber, Max 114
Weinberg, Steven 66
Weizsäcker, Carl Friedrich Freiherr von 68, 69, 125
Windelband, Wilhelm 114
Wright, Georg Henrik von 24, 25

Yang, Chen Ning 65

Zarathustra 113
Zenon von Elea 7, 18–20, 22, 61, 63
Zermelo, Ernst 77

Sachregister

Achsenzeit 113, 114
Äquator 29
Anthropologie 115
Äquivalenzprinzip 49, 50
Äther 44, 45
Aktualisierung der Potenz 22
Ameisenstaat 96
amor fati 112
Anfangssingularität 8, 9, 13, 44, 53, 54, 72, 86
Anthropisches Prinzip 9, 70
Anschauungsform 40
Arbeitslehre 119
Arithmetik 40
Assembly 100
Assoziation 100
Astrolabium 30
Astronomie 27, 83
   ägyptische 15
   antike 23
   mittelalterliche 8, 23, 28
Astrophysik 57
Atome 20, 21
Attraktor 84, 95, 98, 116, 117, 125
   chaotischer 98
   oszillierender 83, 85
   Punkt- 85
Augenblick 104
Australophithecus 13
Autokatalyse 92
Azteken 15

Babylonier 16
Bénardexperiment 80
Bénardkonvektion 81
Bénardzellen 80
Berechenbarkeit 84
Beschleunigung 32, 33, 49
Bewegung 22
Bewußtsein 10, 61, 99, 101–103, 121, 126
   objektives 111
   subjektives 111
Bifurkation 81, 82, 85, 125
Bifurkationsdiagramm 80, 81, 83, 92, 93
Big Bang s. Anfangssingularität
Biochemie 96
Biologie 102
Boltzmannsche Konstante 76
Brownsche Bewegung 77
β-Zerfall 64–66

Chaos 82, 85, 97, 98, 108, 116, 117, 122
Chaostheorie 84
Chemie 85, 92, 102
Chiralität 65
Christentum 27
Comptoneffekt 57
Computer 83, 84, 100, 108
Computerexperimente 108
Computernetz 122
Computerzeit 99, 104–106
creatio ex nihilo 89
Cyberspace 123

Dauer 88
Dekane 15
Demokratie 120
Determinismus 82
Dezimalsystem 17
Dialektik 111
Differentialgeometrie 50
Differentialgleichungen 38, 58
   nichtlineare 81, 84
Diffusionsvorgang 94
DNS-Struktur 93
Doppler-Effekt 52
Drei-Körper-Problem 83, 118
Dreistadiengesetz 111
Dynamik

lineare 60
nichtlineare 81

Echtzeit 123
EEG-Kurve 98
Eichsymmetrien 69
Eigenzeit 8, 48, 103, 121, 123
Ekliptik 17, 28, 29
Elektrodynamik 44–46, 73
Elektronen 64, 65
Elementarteilchen 68
Elementarteilchenphysik 45, 56, 66
Emergenz 10, 84, 92, 96, 99, 100, 101, 115, 124, 125
endogen 118
Endsingularität 9, 86
Energie 75
Entropie 9, 74–76, 86, 90, 91
epigenetische Theorie 89
EPR-Experiment 59
Ereignishorizont 54, 55
Erhaltungssatz 8
Erkenntnistheorie 32, 39
Eschatologie 110
Ethik 113
Euklidische Geometrie 23
Everett-Interpretation 60, 61
Evolution 13, 14, 56, 89, 90
  biologische 94, 108, 109, 123, 124, 126
  molekulare 92
  kosmische 53, 56, 57, 125
  soziokulturelle 109, 112, 115, 121
Evolutionstheorie 10, 41, 89, 90, 96, 112
Ewigkeit 26
exogen 117, 118
Extremalprinzip 93

Feedback
  positiv 119
  negativ 119
Feldgleichung, nichtlineare 61
Ferromagnet 67
Fixpunkt 108

Fluktuation 72, 77, 80, 92, 96
Fluktuationshypothese 78
Form 21
Freiheit 122
Friedmann-Modelle 54, 55
Funktion, logistische 68, 69, 125

Galilei-Invarianz 38, 44
Galilei-Transformation 38, 44
Gedankenexperiment 48, 49, 51, 54, 91
Gehirn 10, 99–101, 108, 124
Geisteswissenschaft 11
Gen 123
Geodäsie 50
Geschichte 110
Geschichtsmorphologie 113
Geschichtsphilosophie 11, 110
Geschichtsschreibung 110
Geschichtswissenschaften 115
Gesellschaft 122
  weltbürgerliche 111
Gleichgewichtszustand 79–81, 84, 85, 90–92, 95, 96, 99, 108, 116, 125
Gleichförmigkeit 41–43, 47
Gleichzeitigkeit 35-37, 41–43
  absolute 121
  universelle 46
Gott 26, 34, 121
Gradient 93
Gravitationsfeld 48, 49, 50
  homogenes 49
  inhomogenes 49, 50
Gravitationsgleichung
  Einsteins 51, 53, 69
  Newtons 48
Gravitationskollaps 54
Gravitationstheorie 116, 125
  relativistische 8
Gravitative Rotverschiebung 50
Grenzzyklen 108, 117

H-Theorem 75, 77, 78
Hadron 67

139

Harmonie 26, 97
Hauptsatz, zweiter 9, 69, 73, 75, 77, 86, 87, 90, 91
Hebbsche Regel 101
Heelstone 15
Heliakischer Aufgang 16
Heraklit-Welt 9
Higgs-Mechanismus 67
Hinduismus 27
Hochkulturen 110, 113
Homo erectus 13
Homo habilis 13
Homo neandertaliensis 14
Homo oeconomicus 117
Homo sapiens 14
Hominiden 7, 13
Homogenität 52
Hyperzyklen 92

Idealtypen 115
idiographisch 114
Inertialsystem 37, 38, 44, 45, 49
Infinitesimalrechnung 33
Informationsnetz 122
Innovationen 117
Integrationskraft, zeitliche 104
Invarianz 8
invisible hand 116
Irreversibilität 9, 39, 62, 75, 77, 78, 84, 86, 87, 96, 112, 125
Islam 27, 20
islamischer Kalender s. Kalender
Isotropie 52, 53

Judentum 27
jüdischer Kalender s. Kalender
Julianischer Kalender s. Kalender

Kalender (s. a. Mondkalender, s. a. Sonnenkalender) 30
  ägyptischer 16
  islamischer 30
  jüdischer 30
  Julianischer 29
Kalenderreform 120

KAM-Theorem 83
Kaonzerfall 66, 67
Karten
  motorische 102
  sensorische 102
Kategorien 40
  der Kausalität 41
  der Substanz 41
Katastrophentheorie 92
Kausalstruktur 34–36
Keplersches Gesetz 32
Kollaps des Wellenpakets 60
Kommunikation 121, 122
Komplexität 10, 89, 90, 96, 112
Komplexitätsmaß 105
Komplexitätstheorie 105–107
Komplexitätsverhalten
  im schlimmsten Fall 105
  im Mittel 105
Konnektionismus 108
Konfuzianismus 27
Konjunkturzyklen 118, 120
Kontinuum 18–20, 22, 23
Kontinuumstheorie 7
Kontrollparameter 67, 80, 81, 83, 85
Kopenhagener Deutung 60, 63
Korrespondenzprinzip 58, 64, 106
Kosmische Zensur 55
Kosmogonie 56
Kosmologie 67, 85
  Einsteinsche 51, 52, 54
  Newtonsche 34
Kosmologisches Prinzip 52, 53, 55, 56
  partielles 55
Künstliche Intelligenz 11, 104
Kultur 110, 113
  historische 110
  technisch-industrielle 115
Kulturmorphologie 113

Ladungsumkehr 65
Lagebeziehung 35

Laplacescher Geist 84
Laser 10, 63, 85, 92
Laufzeit
   exponentielle 105
   lineare 105
   polynomielle 105, 106
   quadratische 105
Laufzeitverzögerung 51
Lausanner Schule 116
Leben 91
Lebenszeit 124
Leptonen 64, 65
Leviathan 115
Lichtablenkung 50, 51
Lichtgeschwindigkeit 42, 44, 45, 48
   Konstanz der 45, 46
Lichtkegel 46, 47
Linearität 59, 69, 111
Linearitätsprinzip 60, 61
Logik der Zeit s. Zeit
logistische Funktion s. Funktion
Logos 18
Lokalität 62
Lorentz-Transformation 46
Lorentz-Invarianz
   globale 46
   lokale 51
Lorentzsystem 46, 47
Lunisolarjahr 30

Makrozustände 75, 76
Marktmechanismen 123
Marktwirtschaft 116, 117
Materie 21
Mathematik 22
Maxwellscher Dämon 91
McCulloch-Pitts Netze 108
Mechanik 45, 48, 74, 77, 82, 83, 103, 116
   klassische 32, 34, 36, 37, 58–60
   statistische 69, 76
Medizin 96
Megalithen 15
Meme 123

Meridian 29
Metamorphose 112
Meßakt, nichtlinearer 60, 107
Meßprozeß 57, 61
Metabolismus 84, 91, 94
Metarepräsentation 102
Meteorologie 84, 85
Metrik 34, 47
Michelson-Morley-Versuche 45
Mikrowellenhintergrundstrahlung 53–55
Mikrozustände 76, 117
Minkowski-Geometrie 46–48, 50
Möglichkeit 21
Mondfinsternis 17
Mondkalender 17
Morphologie 93
Mutation 123
Myonen 64
Mythos 110, 112, 124

NP-Komplexitätsklasse 106
Naturphilosophie 69
Naturwissenschaft 7, 10, 118
Neandertaler 14
Netz, neuronales 108
Neukantianismus 114, 115
Neuplatonismus 27
Neurocomputer 108
Neuron 100
neuronales Netz s. Netz
Neurotransmitter 100
Neutrino 64–66
Nichtgleichgewichtszustand 80
Nichtlinearität 81, 94, 96, 117
Nichtlokalität 69, 107
Nirwana 27
nomothetisch 114

Observable 58
Offenbarung 26
Ordnungsparameter 117
Ordnungszustand 84, 99
Orion 16
Oszillationen 108

141

P-Komplexitätsklasse 106, 107
Paläontologie 93
Paradoxie vom fliegenden Pfeil 20
Paradoxie der Schildkröte 22
Parallelismus 108
  klassischer 107
  Quanten- 107
Paritätsumkehr 65
Parmenides-Welt 8, 68, 125
PC-Symmetrie 66
PCT-Theorem 9, 65, 66
Pendelgesetz 74
Periheldrehung 51
Perpertuum mobile 90
Phasenübergang 84, 85, 92, 98, 101, 119, 125
Phasenzustand 92
Philosophie 73, 126
Philosophie der Zeit 121, 126
Photoneffekt 57
Photonen 47, 57, 60
Physik 21, 37, 92, 93, 102, 103, 106
Physiokraten 115, 116
Physiologie 99
Präformationstheorie 89
Primaten 13, 93
Protophysik 42
Pythagoreer 28

Quantencomputer 106, 107
Quantenelektrodynamik 63
Quantenfeldtheorien 9, 63, 68, 106, 125
Quantengravitation 71, 86
Quantenmechanik 8, 44, 56–59, 61, 62, 103, 106, 107, 125
Quantentheorie 32, 58, 68, 69
Quantensystem 60, 65
Quanten-Zenon-Effekt 62, 63
Quarks 67

Raum
  absoluter 36, 37
  homogener 53
  relativer 35

Raum-Zeit 38
  gekrümmte 50, 54, 86
  relativistische 44
Raum-Zeit-Singularität 53, 54
Raum-Zeit-Symmetrie 36
Reaktion, chemische 94
Reduktionismus 7, 11
Reihe 19
Rekursionsformel 81
Relativismus 121
Relativitätsprinzip 45
  allgemeines 71
  kinematisches 36
  spezielles 45
Relativitätstheorie 32, 43, 59, 103, 125
  Allgemeine 48, 50, 51, 55
  Spezielle 8, 44, 48, 51, 55, 61, 68, 69
Religion 73, 112
Renormierungstheorie 68
Reversibilität 39, 74, 78, 87, 96

Schaltregel 29
Schema 40
Schmetterlingseffekt 84, 108
Schöpfung 8, 9, 89
Schrödingergleichung 9, 57, 58, 61
schwarzer Körper 53
schwarze Löcher 9, 54, 55, 57, 70, 71, 72, 86
Schwerelosigkeit 49
Science fiction 124
Selbstoptimierung 92, 93
Selbstorganisation 83–85, 92, 97, 101, 102, 108, 116, 119
  dissipative 91, 108, 119, 125
  konservative 91, 125
  neuronale 109
Selbstreplikation 94
Selbstreproduktion 94
Selektion 92–94
Simulationsmodell 94
Singularität (s. a. Anfangs-, s. a. Endsingularität) 57, 68

Singularitätssätze 9, 54, 71, 92
Sirius 16
Sonnenjahr 17
Sonnenkalender 29
Sonnentag
  mittlerer 29
  wahrer 29
Sonnenzeit 29
Sothisperiode 16
Sozialwissenschaften 114, 115
Spin 64
Spontanität 84
Standardmodelle 54, 86
Sternuhren 15
Stonehenge 15
Supergravitationstheorie (Superstringtheorie) 9
Superposition 59, 61, 106
  Kollaps der 63
Superpositionsprinzip 59–61, 85
Symmetrie 52, 56, 69, 79, 86, 93
Symmetriebrechung 67, 80, 81, 87, 89, 92, 95, 125, 126
  räumliche 81
  spontane 92
  zeitliche 57
Symmetriegruppen 69
Symmetrietransformationen 65
Synapsen 102
Synapsengewicht 100, 108
Synergetik 83
System
  abgeschlossenes 10
  dissipatives 10, 82
  komplexes 10, 80, 81, 87, 94, 96, 97, 102, 112, 117, 119, 124, 125
  offenes 122
  ökologisches 10, 89
  ökonomisches 110, 116
  konservatives 82
  nichtlineares 82, 85, 118
  soziales 11, 110
Systemtheorie 100
Systemzeit, innere 121

Taoismus 27
Technik 112
Teleologie 90
Tertium non datur 25
Thermodynamik 9, 73, 87, 89, 90, 112, 125
  des Gleichgewichts 73, 75, 116
  des Nichtgleichgewichts 10, 79, 89, 91, 92, 112
Topologie 24, 34, 43
Trägheitsgesetz 36, 37, 74
Trägheitssystem 37
Trajektorie 87, 117, 125
Transformation 38
Transzendentalphilosophie 126
Turing-Maschine 104, 106, 107
  deterministische 106
  nicht-deterministische 106

Uhren 30, 40, 41, 43, 101, 116
  chemische 85
  genetische 93
  Pendeluhr 33
  Räderuhr 30, 31
  Sanduhr 30
  Sonnenuhr 30
  Stechuhr 119
  Wasseruhr 30
Umkehreinwand 77
Ungleichförmigkeit 47
Universum, inflationäres 53
Unschärferelation 58, 59, 71, 72
Unsterblichkeit 124
Ure 68
Uralternativen 69
Urhypothese 68
Urknall 53
Urtheorie 69

Veränderung 22
Vereinigungstheorie 61, 125
Vernunft 110
Verschaltungsmuster, neuronales 102
Vorsokratiker 13, 17

Wachstum, ökonomisches 118
Wechselwirkung 99
　elektromagnetische 64, 66, 67, 70
　gravitative 49, 50
　nichtlineare 122
　schwache 64, 66, 67, 70
　starke 67, 70
weiße Löcher 55
Wellenfunktion 87
Weltlinie 72
Weltradius 53
Weltseele 26, 27
Wiederkehreinwand 77
Wirbelbildung
　fraktale 85
　quasi-periodische 85
Wirkungsquantum 57–59
Wirtschaft 122
Wissenschaft 112, 113
Wissenschaftstheorie 34, 115

Zeit (s. a. Sonnenzeit, Systemzeit)
　absolute 8, 32, 34, 37–39, 121
　äußere 87
　innere 87, 98
　imaginäre 71
　irreversible 87
　lineare 24, 27, 112
　Logik der - 68, 69, 125
　ökonomische 116
　polynomische 107
　reelle 71
　relative 8
　reversible 87, 107
　universelle 46, 120
　zyklische 27
zeitartige Ereignisse 47
Zeitbaum 24
Zeitbestimmung 40
Zeitbewußtsein 10, 13, 14, 79, 96, 99, 101, 103, 104, 109, 120, 122, 124
Zeitdehnung, gravitative 51
Zeiteinheit 43, 105

Zeiterlebnis 10, 88, 101
Zeithierarchie 10, 96, 125
Zeithorizont 11, 113, 121, 122, 124
Zeitintervall 33, 43
Zeit-Invarianz 32
zeitliche Integrationskraft s. Integrationskraft
Zeitlichkeit 113
Zeitmaß 15, 23, 37
　biologisches 120
　politisches 120
　physikalisches 120
　ökonomisches 120
Zeitmessung 33, 42, 47
Zeitmodalität 23
Zeitoperator 59, 87, 125, 126
Zeitpfeil 7, 10, 18, 19, 22, 39, 62, 74, 78
Zeitreihenanalyse 118, 119
　nichtlineare 118
Zeitrhythmen 7, 10, 98, 99, 113, 120, 121
Zeitrichtung 51
Zeitstrom 11, 104
Zeitsymmetrie 8, 9, 38, 39, 48, 66, 68, 75, 103, 125
Zeitumkehr 65, 66, 74
Zelldifferenzierung 94
Zelluläre Automaten 108
Zhabotinsky-Reaktion 85
Zuordnungsdefinition 42
　metrische 43
　topologische 43
Zustand (s. a. Makro-, s. a. Mikro-)
　irreversibler s. Irreversibilität
　linearer (s. a. Linearität) 86
　lokaler (s. a. Lokalität) 86
　nicht-linearer s. Nichtlinearität
　nicht-lokaler (s. a. Nichtlokalität) 86
　reversibler (s. a. Reversibilität) 86
Zwillingsparadoxon 47
Zyklus 97